LANDSCAPE
DESIGN

建筑·设计·民族 教育改革丛书

风景园林优秀学生作品集

王长柳 陈娟 黄麟涵 周媛 曾昭君 黎贝 编著

清华大学出版社
北京

图书在版编目（CIP）数据

风景园林优秀学生作品集 / 王长柳等编著. —北京: 清华大学出版社, 2018
(建筑 · 设计 · 民族 教育改革丛书)
ISBN 978-7-302-51280-6

Ⅰ. ①风… Ⅱ. ①王… Ⅲ. ①园林设计—作品集—中国—现代 Ⅳ. ①TU986.2

中国版本图书馆CIP数据核字(2018)第285130号

责任编辑： 刘一琳
装帧设计： 陈国熙
责任校对： 赵丽敏
责任印制： 宋 林

出版发行： 清华大学出版社
网 址： http://www.tup.com.cn，http://www.wqbook.com
地 址： 北京清华大学学研大厦 A 座 **邮 编：** 100084
社 总 机： 010-62770175 **邮 购：** 010-62786544
投稿与读者服务： 010-62776969，c-service@tup.tsinghua.edu.cn
质量反馈： 010-62772015，zhiliang@tup.tsinghua.edu.cn
印 装 者： 三河市春园印刷有限公司
经 销： 全国新华书店
开 本： 210mm×285mm **印 张：** 8.25 **字 数：** 209 千字
版 次： 2018 年 12 月第 1 版 **印 次：** 2018 年 12 月第 1 次印刷
定 价： 55.00 元

产品编号： 078826-01

前言
PREFACE

西南民族大学城市规划与建筑学院风景园林专业（原景观建筑设计专业）于2010年经教育部和国家民族事务委员会批准设立。2011年首次面向全国招生，是国家民委直属高等院校中较早开办的大建筑类专业之一。截至目前，本专业已招收全国各地学生174人，其中在校学生131人。

立足西南民族大学“二为”办学方针和城市规划与建筑学院“教学立院、质量兴院、服务促院、科研强院”的办学理念，风景园林专业办学坚持“厚基础、强实践、显特色”的基本思路，以培养具有较强的工程实践能力，能够从事风景园林工程和技术管理工作，为民族地区和少数民族服务的风景园林学科高级专业人才为根本任务，力求把风景园林专业建设成为西南少数民族地区重要的风景园林人才培养基地。

为展现风景园林专业成立七年以来的教学成果，体现西南民族大学风景园林专业特色，特编制本教学成果集，为教师和学生开辟一个小天地，搭建一个展示平台。其中的作品均是风景园林核心专业设计课程《风景园林规划设计》和毕业设计中的优秀学生作品。或许我们还无法用匠心独具来形容，但这是同学们人生第一次专业学习的阶段性成果，是同学们在专业道路上不断进步的印迹。成果集中还收录了部分风景园林专业骨干教师针对相应主题的设计课程所开展教学改革的探索和成果。这是西南民族大学风景园林专业建设和发展道路上的一次小结，又是一个新的起点。

城市规划与建筑学院风景园林系

2018年9月

注明：本书收录了大量学生作业及展板，由于原文件尺寸较大，缩小后对文字的清晰度略有影响，但不影响本书的可读性，为保证内容的完整，均作保留。学生作业及展板中的文字内容仅作参考。

目录
CONTENTS

01

广场设计

SQUARE DESIGN

城市广场景观设计课程探讨

西南民族大学城市规划与建筑学院 黄麟涵

摘要：本文在分析城市广场景观设计课程特点的基础上，提出基于广场景观设计原则、步骤以及设计内容等理论教学内容，以重庆市沙坪坝区凤凰山广场景观设计为例，具体阐述广场景观设计原则、前期调研分析、上位规划解读、设计理念的确定、方案设计等方面的实践教学内容。

关键词：广场景观设计 理论教学 设计实践教学 凤凰山

1. 城市广场景观设计的课程价值

1.1 研究背景

城市广场景观设计作为小尺度景观，是风景园林学科的一门基础而重要的核心课程，也是专业必修课之一，为建筑设计转向室外大场地设计打下基础，依托于场地设计理论而形成的。在课程理论教学和实践教学中，选取实际用地进行设计，方便学生实地调研和分析。设计用地位于重庆沙坪坝，地形有一定的高差需要处理，四周临路，东面为城市主干道，其他为次级干道。周边城市用地北面和西面为商住，南面为居住用地，东面连接城市公园绿地，是沙坪坝凤凰山公园绿地系统中的一部分。

1.2 课题研究目的与思路

作为景观教学基础课程，本次教学采用项目教学法，教师带领学生模拟设计公司的设计流程，通过项目背景认知，项目实地考察，从中得出项目现有问题和设计要点，分步骤进行规划设计。重庆沙坪坝凤凰广场承担着文化传播及休闲娱乐功能的同时，还担负着一定的交通集散功能，特别是这种四周临路的场地，此广场作为凤凰山公园绿地延续的一部分，故而在考虑广场本身特征的同时，应该结合周边用地的性质和本土文化，打造成系统的、更符合本地特色的景观设计。

2. 广场景观设计概述

城市广场是为满足多种城市社会生活需要而建设的，被建筑、道路、山水等围合，由多种软、硬质景观构成的，采用步行交通手段，具有一定的主题思想和规模的结点(nodes)型城市户外公共活动空间。城市广场又分为多种类型：集会游行广场（其中包括市民广场、纪念性广场、生活广场、文化广场、游憩广场）、交通广场、商业广场等。本次设计对象主要为集会休闲广场，其对于城市的意义尤为独特和重要。在设计中应充分利用自然资源，把人工建造的环境和当地的自然环境融为一体，增强人与自然的和谐性，注重设计的人性化、生态可持续性和美学意义。自然开放空间对于城市、环境的调节作用越来越重要，有益于形成科学、合理、健康而完美的城市格局。

3. 广场景观的设计构思

3.1 定位分析

依据上位规划与相关专项说明，明确周边地区的功能定位，明确发展目标，确定空间布局和发展建设策略，为未来广场设计相关工作的开展提供规划与指导。本次设计基于对各类上位规划的解读，其中主要梳理出规划的周边用地性质、周边规划道路交通、发展定位等。再结合现场地内部现状分析，分析区域的现状问题与发展机遇，明确发展定位、布局和规划建设要求。其中主要调研分析场地的综合现状（包括场地内建筑植物、设施水体等）和场地的地形高差等，结合当地文化气候分析，得出与设计相关的结论，并明确设计思路和方向。

3.2 广场景观的设计原则

广场景观属于小尺度的景观设计，设计原则遵循一般的景观设计原则，其中主要涉及人性化原则、生态可持续性原则、美学原则。

（1）人性化原则：要尊重人，尊重人的感受，站在人的角度，设计符合人生理、心理需求的场地空间。广场景观设计不能随便放设施、植物，要符合人的行为习惯，了解色彩心理学后进行种植植物，提供怡人的景观条件，营造不同形式广场景观。一定要站在人的角度设计人文景观；也一定要在设计上迎合人体的行为尺度；还有，一定要了解不同年龄的人对空间的需求。设计中一定遵循以人为本的原则，运动空间和设施的安全性是最不容忽略的。安全化和人性化十分重要，对人的行为尺度也需合并融入设施的设计。

（2）运用生态可持续的理念设计至关重要。利用原来场地的地形高差一定要合理，为了节约土方量，要尽量减少场地的土方变化，也就是基本顺应原来的地形进行设计。场地里原有的自然条件，像乡土植物和水体等，也要合理利用，这样造景会没那么生硬；还有就是要尊重本身的自然气候，因地种树，设计植物群落景观时注意层次与生态性。地域特色体现在原地形的利用、原资源的利用、原人文的考虑，山地场地设计中，广场空间的景观设计要突出地形的设计，应多考虑生态和地域特色，因地制宜。也可结合一些生态处理手法与景观形态，打造出别具一格的景观格局。

（3）景观设计本来就是要协调人和自然环境的关系，打造一个美观宜人的环境。景观要素不要胡乱堆叠，要将各个节点空间与大环境结合到一起来设计。打造一个和谐美观、带有文化特色的场地。

3.3 广场设计的步骤及内容

广场设计应该从宏观到微观统一把握，在设计过程中通过硬质景观要素和软质景观要素进行设计，具体包括以下几个方面。

（1）空间结构：通过上位规划解读和现状分析等推导得出广场景观的空间结构；

（2）地形处理：根据原始地形和规划后的周边道路处理地形；

（3）功能分区：通过周边用地性质、人群分类、道路交通分析可以大致得出动静分区，再结合人性化设计的原则得出具体的功能分区；

（4）交通流线设计：根据人流的方向分析得出场地可能出现的路径需求，反复推敲；

（5）空间划分：结合前面几点得出大概的亚空间划分和一些轴线的处理；

（6）绿化水体：根据主题立意和当地气候条件，本地植物情况等设计；

（7）铺装设计；

（8）小品设施设计。

除了基本的设计元素和类型，还可以加入专项设计分析，比如根据人性化原则可以打造一系列有特色的、适合不同人群活动的场地。根据生态可持续性原则，可以设计一系列净化环境的设施和场地。

结语

广场设计作为城市重要的景观节点空间，承载着人的诸多行为活动，也是打造城市形象，美化生活环境的重要方式。人在广场活动，同时也在广场形成集散，人流比较集中，它的景观设计影响人们的使用频率，直接关系着公园的使用效率及价值。本次广场设计具有山地属性，在竖向设计上增加了一定难度，这就更需要综合考虑原场地的地形及使用者的需求与使用情况，综合运用各种景观设计的手法深入设计，避免生硬地拼凑景观要素。

在广场景观教学中，用现代的设计手法，将对应某地区的历史文化特色融入到现代景观设计中，通过对各种景观元素建筑、小品、植物、铺装、材料等的设计，表达自己的创意与意图。在教学过程中着重强调人群定位、空间定位、生态定位等，根据现有环境条件，将这些因素综合考虑，让学生实地考察测量，带着现有问题去做设计，考虑此广场定位，综合周围居住环境及人群特点，适合各类人群活动的休闲空间，整个广场道路设计符合国家规定无障碍设计的要求。总之，城市广场空间的景观设计要注重环境的整体协调，努力做到以人为本，遵循生态可持续与地域特色的节点空间景观设计原则，努力营造出富有生气与活力的广场景观作品，提高市容市貌，改善市民生活环境质量，让居民拥有一个心灵的港湾。

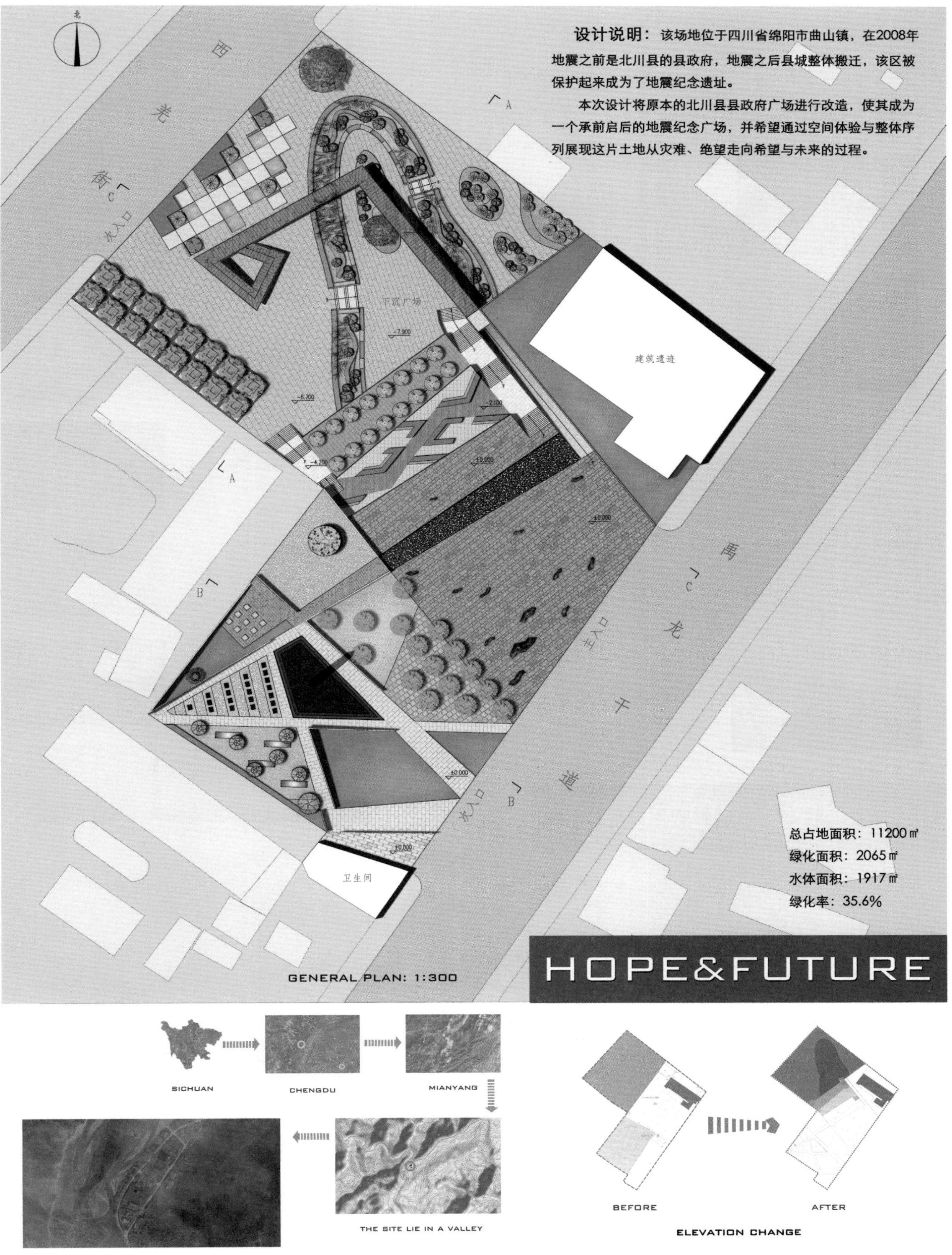
设计说明：该场地位于四川省绵阳市曲山镇，在2008年地震之前是北川县的县政府，地震之后县城整体搬迁，该区被保护起来成为了地震纪念遗址。
本次设计将原本的北川县县政府广场进行改造，使其成为一个承前启后的地震纪念广场，并希望通过空间体验与整体序列展现这片土地从灾难、绝望走向希望与未来的过程。
西羌街
禹龙干道
次入口
主入口
下沉广场
建筑遗迹
卫生间
-7.900
-6.700
-4.200
-2.100
±0.000
总占地面积：11200㎡
绿化面积：2065㎡
水体面积：1917㎡
绿化率：35.6%
HOPE&FUTURE
GENERAL PLAN: 1:300
SICHUAN
CHENGDU
MIANYANG
THE SITE LIE IN A VALLEY
BEFORE
AFTER
ELEVATION CHANGE

IDEA:

序列：灾难——沉淀——新生活

将广场设计与从前的历史、环境、文化、生活相融合，连接起 灾前-灾后 的记忆与社会生活。

虽然家园被毁、生命逝去，但是历史依然要和从前的“记忆”一起向前迈进，迈向新希望、迈向新生活。

希望游览者能从中体会灾难的惨痛，思考灾难的教训，学习战胜灾难的勇气与决心。

木质铺地
混凝土
浅水池
小叶榕
0.450
NODE DEAGRAM: 1:150
桥：这是一条次要流线，也是一条主要流线。
从参观人群的承载能力来说它是一条次要流线，但是从它的空间序列和观赏方面来看，它才是整个广场的“主线”。整个流线从具纪念性的甬道开始渐渐深入，进入“洞穴”，最后豁然开朗，整个“新生活”的场景一览无余。
桥的寓意是跨过灾难这条“大河”迈向新的生活，连接着从前、现在和未来。
静区
动区
重获新生区
（私密）
动静分区
空间序列
由于西羌路通行不便使用人数较少，而且蓝色地块比红色地块（左图）低6.7 m，所以将蓝色地块选为了静区。由于红色地块靠近主道路，并且与道路的边界线长达131 m，故将红色地块选为了动区。
如上右图，我设计的参观流线如红线所指示的一样，从“体验区”开始，依次经过缅怀区最终到达“新生区”。希望参观者可以通过这条空间序列体验到灾难的可怕与生命的顽强（从灾难中重新站起来的勇气与毅力）。
因为场地周边整个区域都已经被列为地震遗址，游人均采用步行方式进行游览，所以不考虑车流。
广场下方的西羌路因为房屋倒塌，道路情况不好，所以使用的人较少。
场地内人流 1
场地内人流 2
道路人流
来人方向
主要休息区
透视图视点
HOPE&FUTURE

01

SQUARE DESIGN

LIGHT ON THE DEBRIS

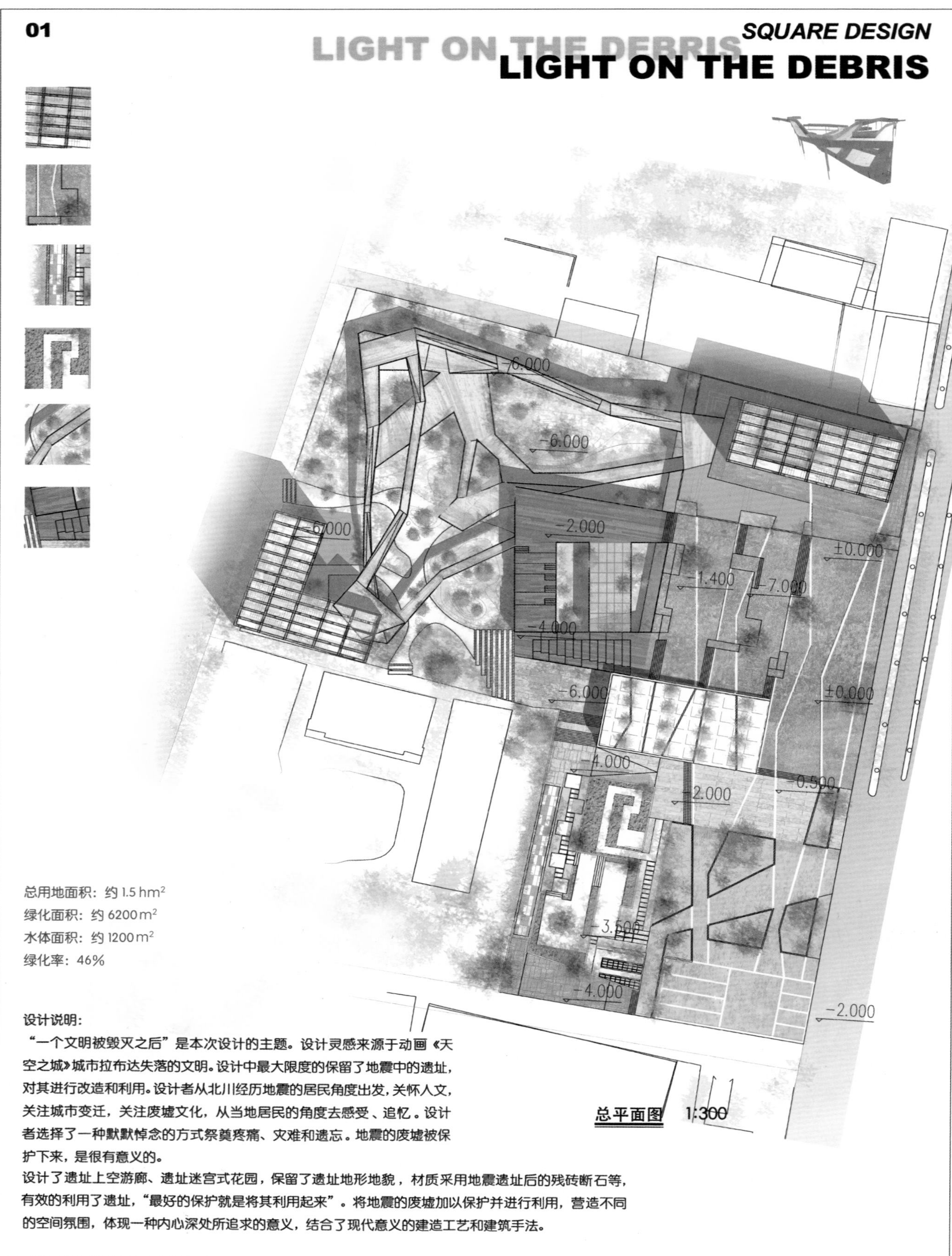

总平面图 1:300

总用地面积：约 1.5 hm^2

绿化面积：约 6200 m^2

水体面积：约 1200 m^2

绿化率：46%

设计说明：

“一个文明被毁灭之后”是本次设计的主题。设计灵感来源于动画《天空之城》城市拉布达失落的文明。设计中最大限度的保留了地震中的遗址，对其进行改造和利用。设计者从北川经历地震的居民角度出发，关怀人文，关注城市变迁，关注废墟文化，从当地居民的角度去感受、追忆。设计者选择了一种默默悼念的方式祭奠疼痛、灾难和遗忘。地震的废墟被保护下来，是很有意义的。

设计了遗址上空游廊、遗址迷宫式花园，保留了遗址地形地貌，材质采用地震遗址后的残砖断石等，有效的利用了遗址，“最好的保护就是将其利用起来”。将地震的废墟加以保护并进行利用，营造不同的空间氛围，体现一种内心深处所追求的意义，结合了现代意义的建造工艺和建筑手法。

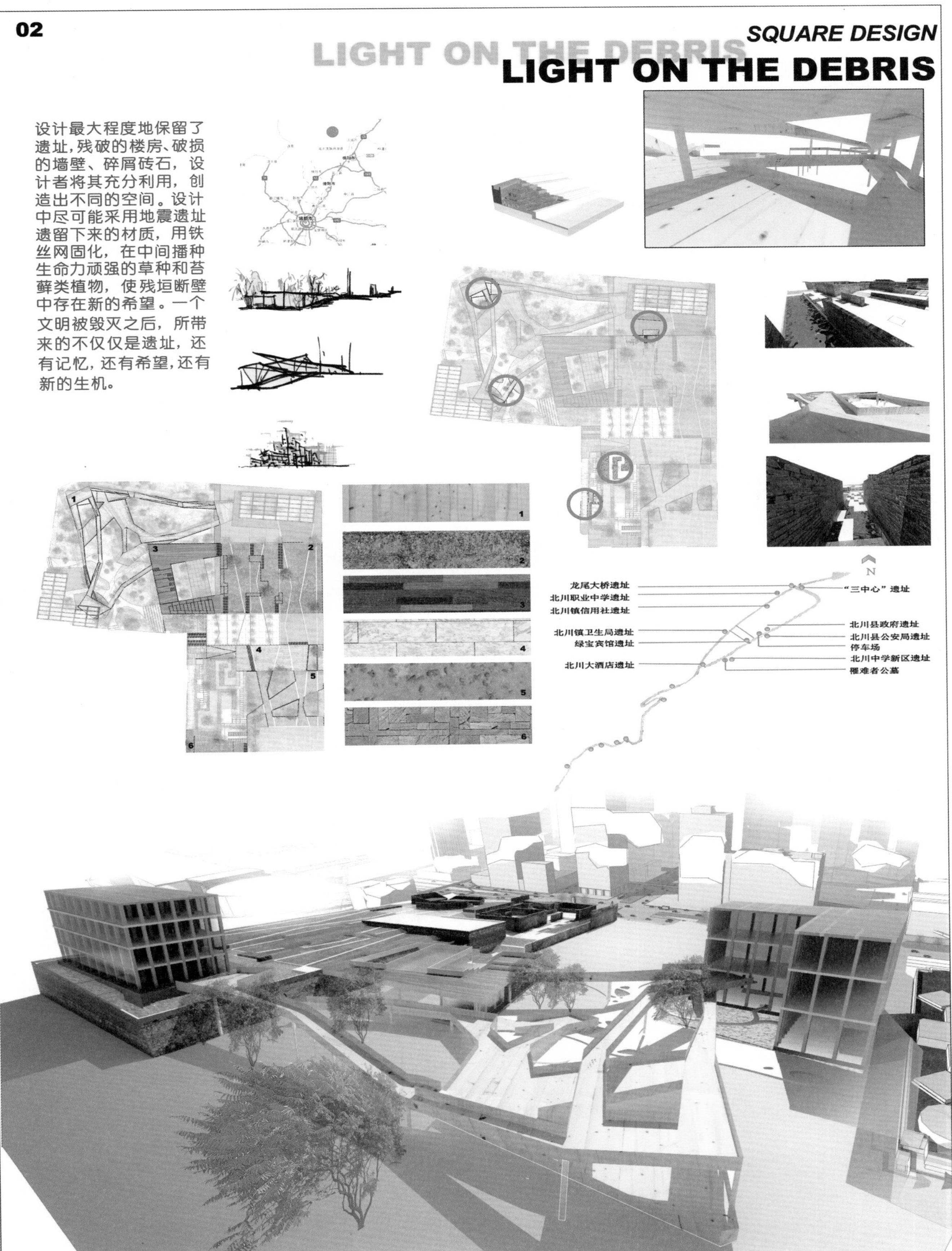
02
SQUARE DESIGN
LIGHT ON THE DEBRIS
LIGHT ON THE DEBRIS
设计最大程度地保留了遗址,残破的楼房、破损的墙壁、碎屑砖石，设计者将其充分利用，创造出不同的空间。设计中尽可能采用地震遗址遗留下来的材质，用铁丝网固化，在中间播种生命力顽强的草种和苔藓类植物，使残垣断壁中存在新的希望。一个文明被毁灭之后，所带来的不仅仅是遗址，还有记忆，还有希望,还有新的生机。
1
2
3
4
5
6
N
龙尾大桥遗址
北川职业中学遗址
北川镇信用社遗址
北川镇卫生局遗址
绿宝宾馆遗址
北川大酒店遗址
“三中心”遗址
北川县政府遗址
北川县公安局遗址
停车场
北川中学新区遗址
罹难者公墓

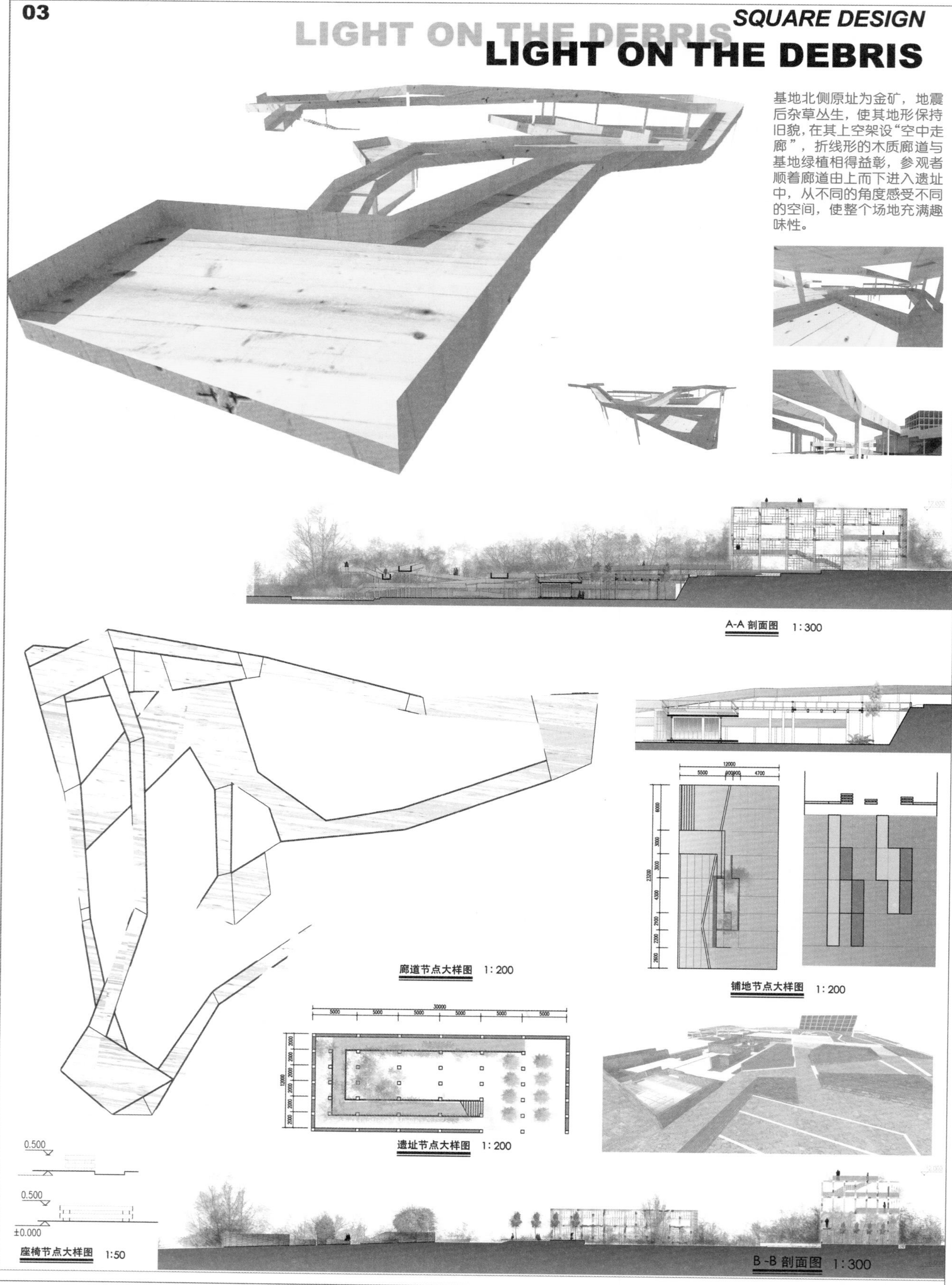
03
SQUARE DESIGN
LIGHT ON THE DEBRIS
基地北侧原址为金矿，地震后杂草丛生，使其地形保持旧貌，在其上空架设“空中走廊”，折线形的木质廊道与基地绿植相得益彰，参观者顺着廊道由上而下进入遗址中，从不同的角度感受不同的空间，使整个场地充满趣味性。
A-A 剖面图 1:300
廊道节点大样图 1:200
铺地节点大样图 1:200
遗址节点大样图 1:200
座椅节点大样图 1:50
B-B 剖面图 1:300

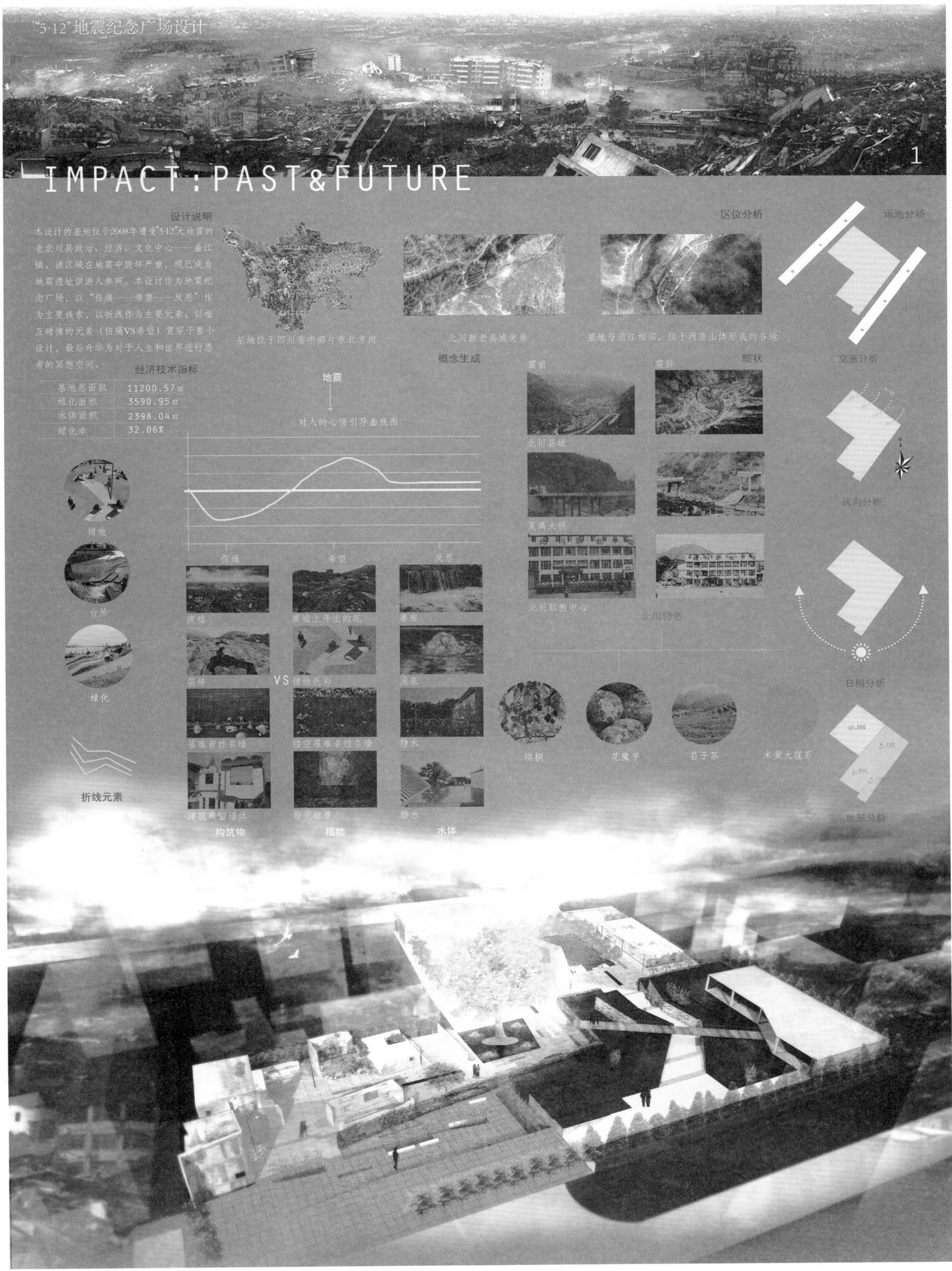

"5·12"地震纪念广场设计
1
IMPACT:PAST&FUTURE
设计说明
本设计的基地位于2008年遭受"5·12"大地震的老北川县政治、经济、文化中心——曲江镇，该区域在地震中毁坏严重，现已成为地震遗址供游人参观。本设计作为地震纪念广场，以"伤痛——希望——反思"作为主要线索，以折线作为主要元素，以相互碰撞的元素（伤痛VS希望）贯穿于整个设计，最后升华为对于人生和世界进行思考的冥想空间。
经济技术指标
基地总面积 11200.57㎡
绿化面积 3590.95㎡
水体面积 2398.04㎡
绿化率 32.06%
区位分析
基地位于四川省中部片东北方向
北川新老县城关系
基地与湔江相邻，位于两座山体形成的谷地
场地分析
交通分析
风向分析
日照分析
地形分析
概念生成
地震
对人的心情引导曲线图
伤痛
希望
反思
铺地
台阶
绿化
折线元素
废墟
废墟上开出的花
瀑布
裂缝
VS
铺地色彩
涌泉
罹难者姓名墙
镂空罹难者姓名墙
静水
建筑残留墙体
绿化植景
静水
构筑物
植物
水体
震前
震后
现状
北川县城
夏禹大桥
北川职教中心
北川特色
珙桐
花魔芋
苔子茶
米黄大理石

"5·12"地震纪念广场设计
2
IMPACT:PAST&FUTURE
地形处理
分离
联通
降落
建筑肌理
原基地建筑
设计保留建筑
景观元素
照明
绿化
水体
铺装
基地
总平面图 1:300
A-A剖面图 1:300

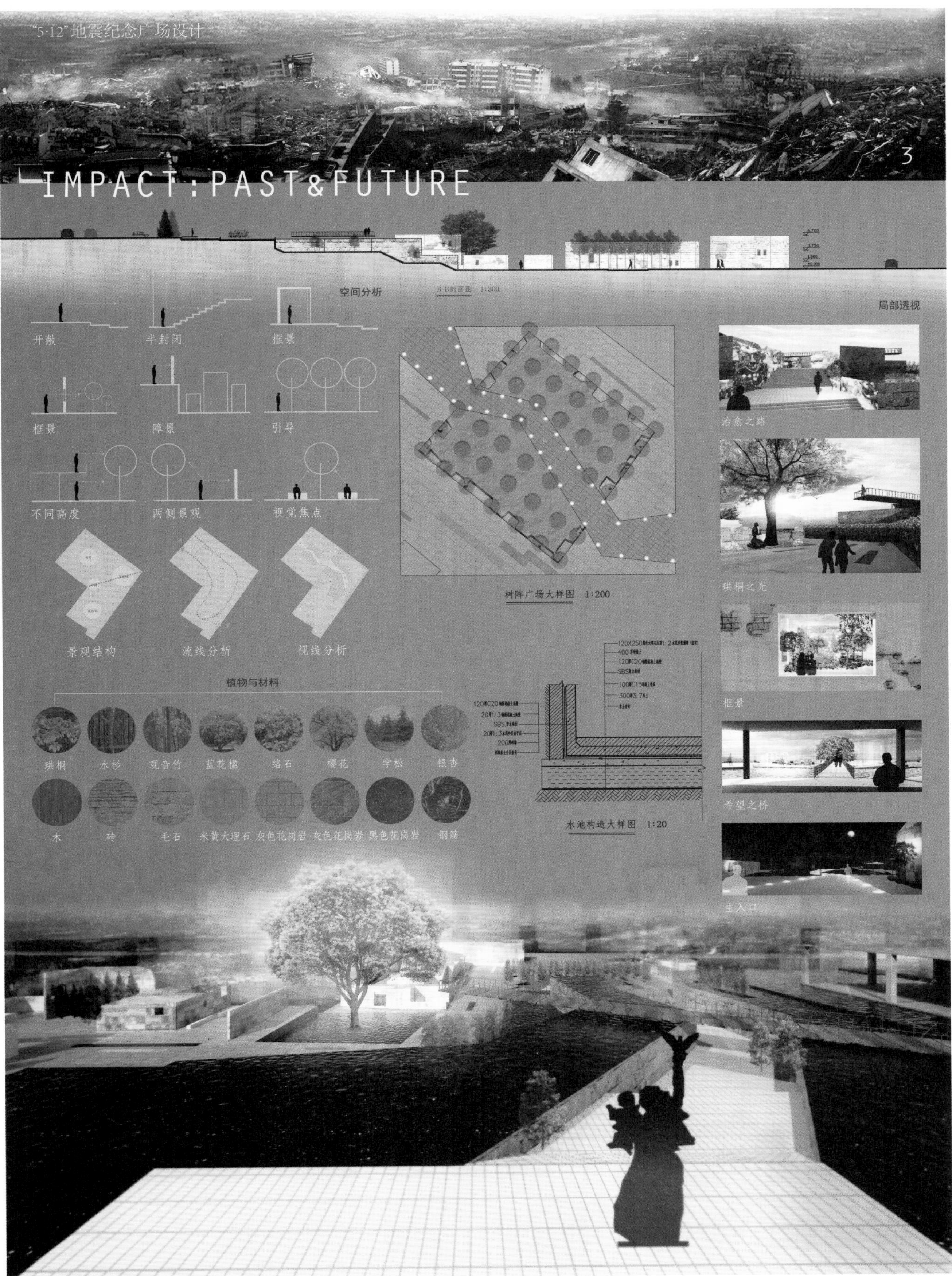
"5·12"地震纪念广场设计
3
IMPACT:PAST&FUTURE
空间分析
B-B剖断面 1:300
局部透视
开敞
半封闭
框景
框景
障景
引导
不同高度
两侧景观
视觉焦点
景观结构
流线分析
视线分析
树阵广场大样图 1:200
治愈之路
珙桐之光
框景
希望之桥
主入口
植物与材料
珙桐
水杉
观音竹
蓝花楹
络石
樱花
学松
银杏
木
砖
毛石
米黄大理石
灰色花岗岩
灰色花岗岩
黑色花岗岩
钢筋
水池构造大样图 1:20

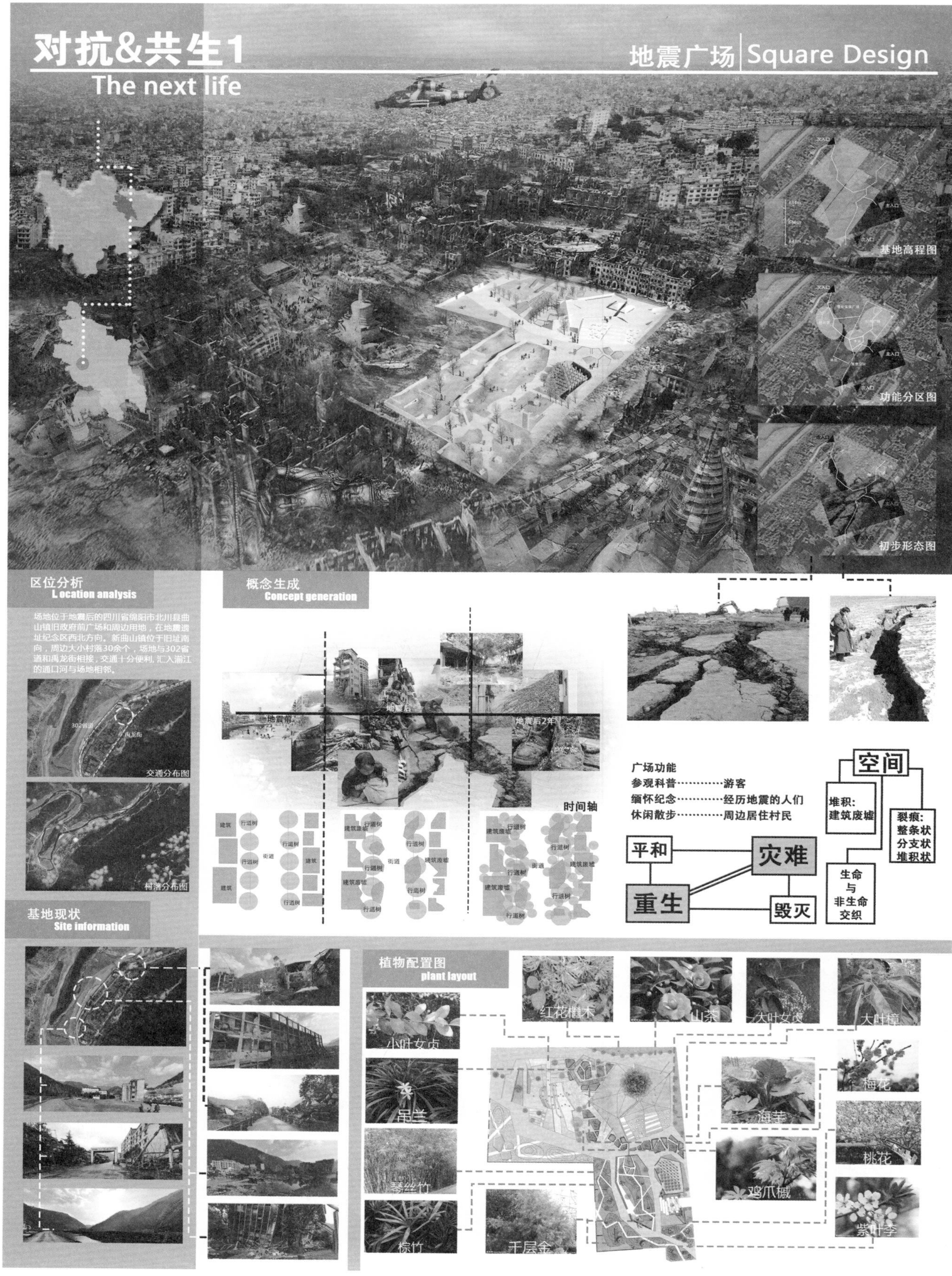

对抗&共生1
The next life
地震广场 | Square Design
基地高程图
功能分区图
初步形态图
区位分析
L ocation analysis
场地位于地震后的四川省绵阳市北川县曲山镇旧政府前广场和周边用地，在地震遗址纪念区西北方向。新曲山镇位于旧址南向，周边大小村落30余个，场地与302省道和禹龙街相接，交通十分便利，汇入湔江的通口河与场地相邻。
302省道
禹龙街
交通分布图
村落分布图
概念生成
Concept generation
地震前
地震后
地震后2年
时间轴
建筑
行道树
街道
建筑废墟
广场功能
参观科普…………游客
缅怀纪念…………经历地震的人们
休闲散步…………周边居住村民
空间
堆积：建筑废墟
裂痕：整条状 分支状 堆积状
平和
灾难
重生
毁灭
生命 与 非生命 交织
基地现状
Site information
植物配置图
plant layout
红花檵木
山茶
大叶女贞
大叶樟
小叶女贞
吊兰
琴丝竹
棕竹
千层金
海芋
鸡爪槭
梅花
桃花
紫叶李

对抗&共生2
The next life
地震广场 | Square Design
N
主入口
遗址广场
碎石广场
树生广场
静水广场
祈望丘
悼思林
夜景图
次入口
主入口
次入口
总平面图1:300
剖透视图
设计说明
design specification
1.总述
震后广场新址位于绵阳市北川县曲山镇地震遗址纪念区中，总面积约1.6公顷，其中道路面积约占总面积的12%~15%，绿化面积约占总面积的35%~40%，水体面积约占总面积的10%~15%，广场中分有六个主题区域，分别为静水广场、树生广场、遗址广场、碎石广场、悼思林、祈望丘，总体效果看图纸。
2.设计理念
以对抗&共生为设计理念，将整个场地中有生命的植物与无生命的砖石铺装相结合，划分的六个区域分别给人以不同感受：①静水广场，也是整个广场的主入口区域，将大片水池与绿地小丘交叉分布在入口处，可休憩，也可作为人群引导构筑。②树生广场，是整个广场最核心的纪念区域，顺着多层阶梯走上广场，看到白色构筑物夹缝中生存的大榕树，象征着人类与自然生命的对抗。
树生广场下层则是一个镂空的展览空间，假的仿真树根立柱从地表层穿透铺地连接水泥顶，表现植物的力量。③遗址广场，大段楼梯和下沉广场使人心情沉淀下来，仿碎石的地灯散落在广场，模仿地震时从山体震落的石子。④碎石广场，位于广场西北角，广场边界用规则排布铁片的围墙围护，部分镂空墙体可看到场地外围郁郁葱葱的高大乔木，与广场中白色碎石形成鲜明对比。⑤悼思林，震后破墙开辟出的一块儿树镇广场，一半为挺立松柏，另一半为矩阵石柱，给人创造庄严肃穆的缅怀空间。⑥祈望丘，作为整个广场的结尾部分，创造大片微型山丘和绿色草地，将肃穆的氛围转向活泼轻松，好似经历地震后的人们的生活，充满希望并且从新开始美好的生活。
广场流线
square way
经济技术指标
economic and technical norms
基地总面积：1.6 hm²
绿地面积：5600 ㎡
道路面积：2400 ㎡
水体面积：1920 ㎡
广场铺地及小品设施面积：6080 ㎡
绿地率：35%
姓名：刘晓雅
学号：201331701019
班级：风景园林1301班
日期：2016.4.28
指导老师：
成绩：
透视图
scenograph
立面图1：300

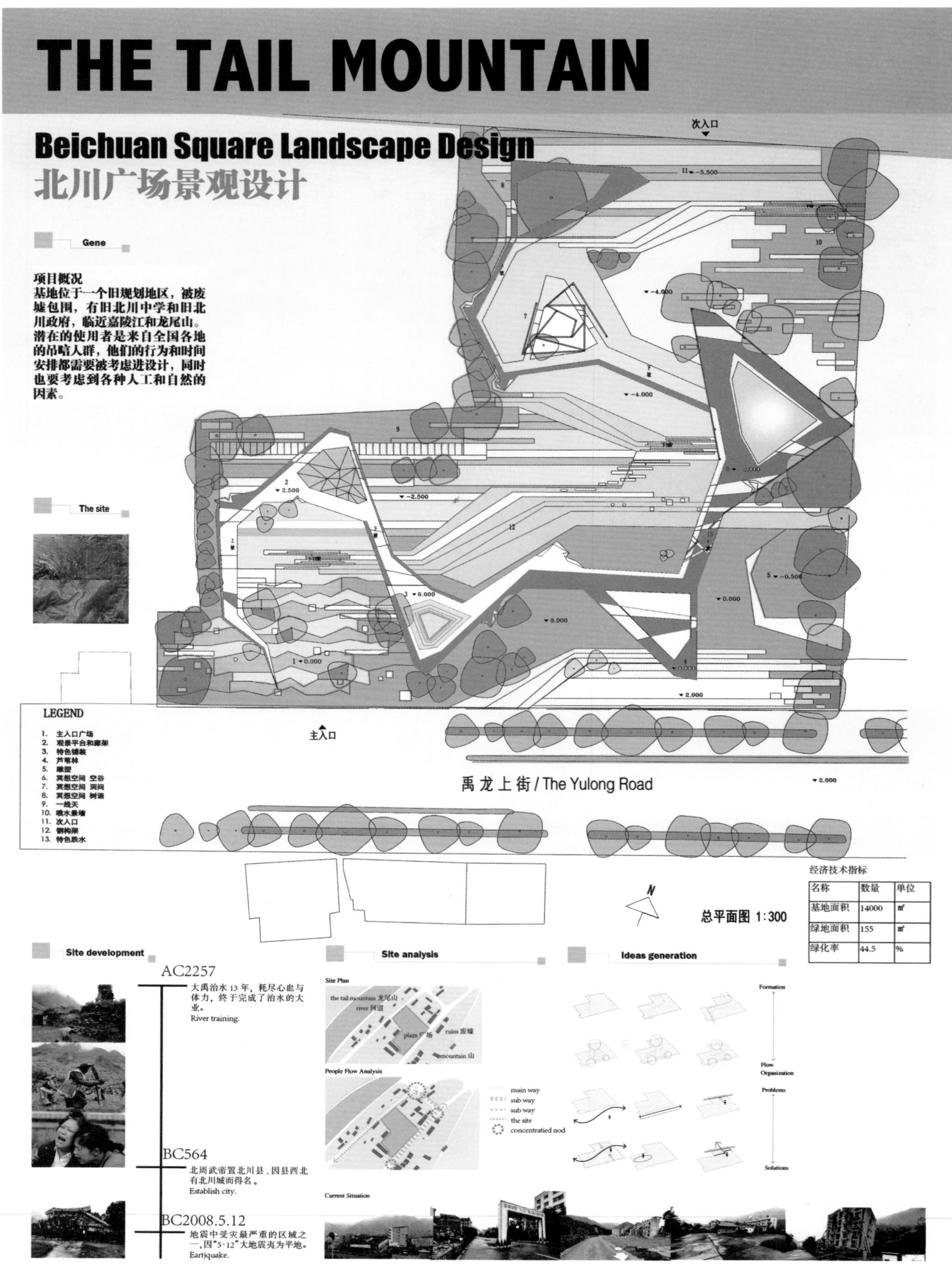

THE TAIL MOUNTAIN
Beichuan Square Landscape Design
北川广场景观设计
Gene
项目概况
基地位于一个旧规划地区，被废墟包围，有旧北川中学和旧北川政府，临近嘉陵江和龙尾山。潜在的使用者是来自全国各地的吊唁人群，他们的行为和时间安排都需要被考虑进设计，同时也要考虑到各种人工和自然的因素。
The site
次入口
主入口
LEGEND
1. 主入口广场
2. 观景平台和廊架
3. 特色铺装
4. 芦苇林
5. 雕塑
6. 冥想空间 空谷
7. 冥想空间 洞间
8. 冥想空间 树语
9. 一线天
10. 喷水景墙
11. 次入口
12. 钢构架
13. 特色跌水
禹龙上街 / The Yulong Road
总平面图 1:300
经济技术指标
名称	数量	单位
基地面积	14000	㎡
绿地面积	155	㎡
绿化率	44.5	%
Site development
AC2257
大禹治水13年，耗尽心血与体力，终于完成了治水的大业。
River training.
BC564
北周武帝置北川县，因县西北有北川城而得名。
Establish city.
BC2008.5.12
地震中受灾最严重的区域之一，因"5·12"大地震夷为平地。
Eartjquake.
Site analysis
Site Plan
the tail mountain 龙尾山
river 河道
plaza 广场
ruins 废墟
mountain 山
People Flow Analysis
main way
sub way
sub way
the site
concentratied nod
Current Situation
Ideas generation
Formation
Flow Organization
Problems
Solutions

Entrance perspective 主入口透视图

THE TAIL MOUNTAIN

Beichuan Landscape Design
北川广场景观设计

Design explanation

设计理念来源于基地对面的龙尾山。北川境内全是山，禹羌人 有崇拜山的文化，祭山会是当地人最重要的一次祭祀活动，又称转山会，春季祭山会许愿，秋季羌族羌年节还愿。大典多在神树林一块空坝上举行。山也带来灾难，2008 年 5 月 12 日汶川地震伤亡惨重，泥石流袭击，堰塞湖水位上涨。山的意向已成为了当地人基因记忆。设计的概念是当地人 对于龙尾山一系列的活动：初遇 - 征服 - 毁灭 - 反思和共存，通过设置一系列的空间：山水画广场 - 极目观景台 - 登山广场 - 山崩步道 - 三个冥想空间：空谷足音 - 别有洞天 - 树语，创造丰富的体验。

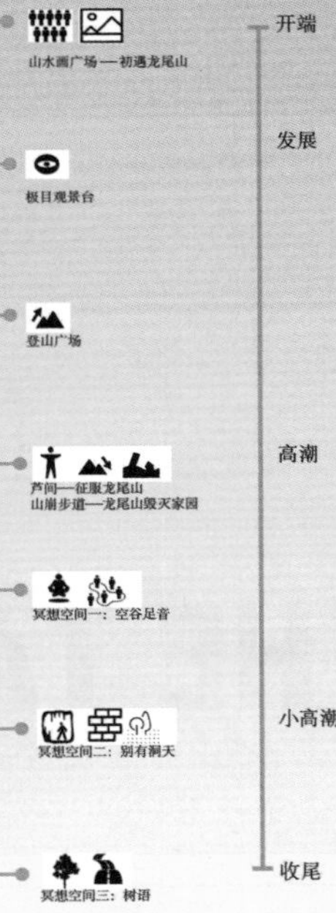

山水画广场 — 初遇龙尾山

极目观景台

登山广场

芦间—征服龙尾山
山崩步道—龙尾山毁灭家园

冥想空间一：空谷足音

冥想空间二：别有洞天

冥想空间三：树语

开端
发展
高潮
小高潮
收尾

鸟瞰图 porpnomic view

Detail

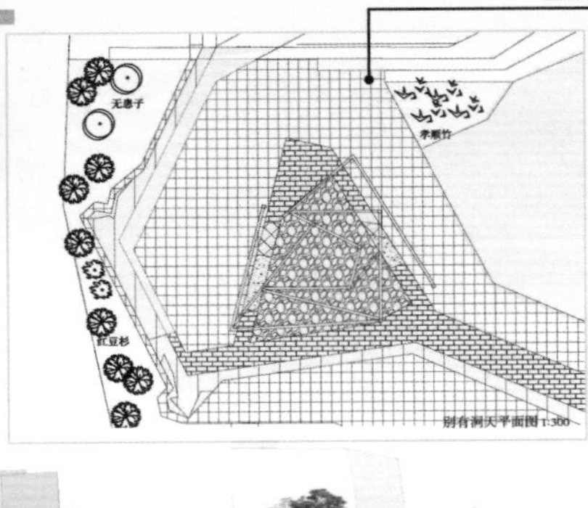

无患子
孝顺竹
红豆杉

别有洞天平面图 1:300

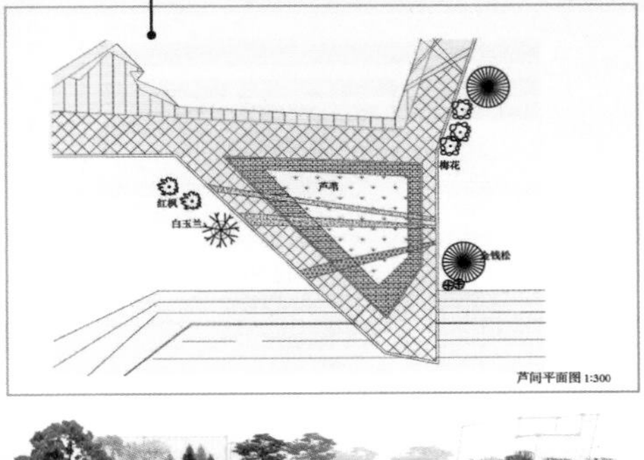

芦苇
梅花
红枫
白玉兰
金钱松

芦间平面图 1:300

A-A 剖面图 1:1000

B-B 剖面图 1:1000

Nightscape lighting
Mat formation analysis
小品图放大 1
小品图放大 3
小品图放大 4
Plant furnishing arrangement of plants
紫玉兰
白玉兰
红豆杉
珙桐
光叶珙桐
连香树
松
蕨
葱兰
桦木
忍冬
地被：肾蕨苔藓、蕨类、葱兰
灌木：紫玉兰、忍冬
北川在地形上是处于四川盆地向青藏高原的过渡带，森林优势种的地理分布上出现了地理替代或过渡现象，表现出南北和东西的过渡性质与替代现象。
乔木：红豆杉、珙桐、光叶珙桐、连香树、松属
云杉胡桃科、桦木科、山毛榉科、冬青科
THE TAIL MOUNTAIN
Beichuan Landscape Design
北川广场景观设计

02

公园设计

PARK DESIGN

基于文脉传承的城市公园设计

西南民族大学城市规划与建筑学院 陈娟

摘要：城市公园设计是风景园林专业设计课程中的重要类型。在全球化一体化的大背景下，“文脉传承”已成为城市公园设计中一个重要视角。本文以学生设计作业为例，探讨在城市公园设计中如何做到文脉的延续和传承。

关键词：文脉 传承 公园设计

“城市公园设计”是风景园林本科的专业必修课程，也是专业设计课程中的重要类型。该课程在讲解城市公园设计的基本程序和方法的基础上，通过实地调研，深入分析设计场地与周边用地之间的关系、场地本身的特点及市民使用需求，综合运用已学知识解决城市公园中的空间布局、交通组织重要节点分布、植物配置等问题，完成小尺度场地到大尺度场地的过渡，逐步培养学生整体、系统和动态的景观思维以及解决复杂环境问题的能力。

城市公园是城市绿地系统的组成部分，是重要的公共活动空间。它不仅为广大市民提供了户外休憩、集会、文体活动、科普教育的开放活动空间，还能改善城市生态环境。同时，也是城市的一张名片，在展示城市历史文化底蕴和凸显地域特色等方面发挥了重要的作用。我国目前正处在经济、科技高速发展，城市化进程日益加快的时期，城市与城市之间、城市与乡村之间的隔阂逐渐被打破，为促进风景园林的进一步发展有一定的推动作用，但同时各种信息的快速传播，新型材料的广泛应用，大量的文化入侵对本土文化造成强烈冲击，使得各城市公园在内容、形式和风格表现方式上趋同，本土特色日益消失，城市能否在发展中保留其历史文脉正在受到巨大的挑战。因此，“文脉传承”是城市公园设计教学实践中的一个重要视角。

1. 文脉的涵义

文脉（context）一词，最早源于语言学范畴，被译为“上下文”，用来表达语言之间的内在联系。从狭义上解释即“一种文化的脉络”，美国人类学家克拉柯亨把“文脉”界定为“历史上所创造的生存的式样系统”。就城市公园景观设计方面来看，文脉是关于人与景观的关系，公园景观与其所在城市的关系，整个城市与其文化背景之间的内在关系。这些关系之间必然存在着内在的、本质的联系。应该说一个城市的文脉既包括地质、地貌、气候、土壤、水文等自然环境特征，也包括历史、社会、经济、文化等人文环境特征，它是一个综合性的、地域性的自然地理基础、历史文化传统和社会心理积淀的组合。

2. 公园设计文脉传承的原则

2.1 历史的连续性

城市公园的形成和发展始终与一定时间维度相联系，公园景观应该能从现代的物质形态中窥探历史的发展脉络，追溯最初的文化渊源，也应该能反映新的时代特点。

2.2 空间的连续性

不同的文化结构、景观结构以及人们的传统习俗使不同的公园形成不同的空间形态。要保护城市公园所携带历史信息的真实性，保持历史的延续性，必然要求有相应的空间连续性等。

2.3 传统心理的延续

城市公园等建设不仅是物质形态的建设，也包括对原有场地使用者的生活方式、劳作方式、传统心理的建设，通过文化的认同达到文化的延续。

3. 案例分析

笔者以教学实践中选取的优秀学生作业为例，探讨在城市公园设计中如何做到文脉的延续和传承。

3.1 基地现状

基地位于西藏自治区昌都市昌都县昌都镇马拉山，处于礼曲和昂曲交汇处的坡地，围绕著名的藏东第一大寺——强巴林寺展开，整个场地呈“U”字形，基地内地势起伏较大，高差达45m，面积约15hm^2。场地内现有建筑多为藏民自建民居，对城市风貌有一定影响。

3.2 主题要求

本次城市公园设计参考了2015年中国风景园林学会大学生设计竞赛主题“全球化背景下的本土风景园林”。要求学生充分考虑基地在快速城市化和旅游热门化的影响下，如何寻求本土文化和外来文化的契合，在趋同中求创新，不断挖掘、保护、延续当地的文脉，以创作出反映“此时此地”富有地域特色、有生命力的城市公园。

3.3 设计实践

3.3.1 公园定位

每一个公园由于其特定的功能、性质和内容不同，对文脉的阐释和表达必然会有所不同。昌都公园地处藏区，又与强巴林寺联系紧密，设计中体现和表达的文化具有多元化的特点，其定位不仅是为城市普通居民提供室外游览、观赏、休憩、健身等活动，有较完善的设施及良好生态环境的城市绿地，还要为居民及强巴林寺的僧侣提供开展宗教活动的空间，同时满足外地游客朝圣、观光的需求。

3.3.2 文脉挖掘

（1）自然环境特征

昌都地处三河一江地区（昂曲、扎曲、色曲、澜沧江），藏语意为“水汇合口处”。位于西藏东部，处在西藏与四川、青海、云南交界的咽喉部位，是川藏公路和滇藏公路的必经之地，也是“茶马古道”的要地，素有“藏东明珠”的美称。

① 气候

昌都属高原亚温带亚湿润气候，西北部、北部严寒干燥东南部温和湿润；昼夜温差大，日照时间长，干湿分明，年平均气温在7.6℃，年降雨量在400～600mm，由于山高谷深，地形复杂，故有“一山有四季，十里不同天”的高原气候特征。

② 地形

昌都总地势西北部高，东南部低，最高海拔为5460m，最低海拔约3100m，平均海拔3500m以上。由于山地较多，常遭遇滑坡、泥石流等自然灾害。

③ 植物资源

昌都的森林资源丰富，不仅树种多，材质好，木材蓄积量大，而且均为原生林。针叶林主要有云杉、冷杉、高山松、油松、大果红松、鳞皮杉等。针阔混交林主要树种有青杠、山杨、桦木、川滇高山栎、大果园柏、槭树、核桃、云杉、高山松等。此外，还有高山柳、三棵针、锦鸡儿、杜鹃金露梅、爬地柏等灌木林。

（2）人文环境特征

昌都古称“康”或“客木”，是康巴文化的发祥地，这里的藏族常以“康巴人”“康巴汉子”称谓。由于居住地域和社会交往的因素，在与多民族、多地域、多文化融合后，形成了极具宗教色彩和文化底蕴的康巴文化，在语言、服饰、宗教、民俗、民居建筑、民间文化等各个方面更是形成了独具魅力的人文特色。

① 卡若遗址文化

卡若遗址位于西藏昌都以南12公里处，在澜沧江以西卡若附近的三角形二级台地上，海拔高度3100m，是中国已发掘的海拔最高的一处新石器时代遗址。两次发掘共获房屋遗址28座，石工具7968件，骨工具366件，陶片2万余件，装饰品50件，以及粟米、动物骨骸等。卡若遗址的这些特征表明，早在5000年以前，昌都就已有人类繁衍生息，并已形成了初级村落。

② 强巴林寺

强巴林寺是藏东地区的宗教中心，位于昌都镇昂曲和杂曲两水交汇处，寺内主佛为强巴（大慈）佛，故对该寺的起名为昌都强巴林寺。传说格鲁派宗师宗喀巴16岁时由青海到拉萨学经途中，路过这两水交汇的秀美之地时预言这里将是弘扬佛法之地，后在1444年由宗喀巴的晚年弟子西饶桑布在此历时8年建成。强巴林寺是藏东地区最大的格鲁派寺庙，建筑面积约500亩，以大经堂为正殿，围绕大经堂建有护法殿、度母殿（两座）、辩经院、格朵拉章、噶丹颇章、根日扎仓、桑德扎仓、堆廊扎仓、杰吉扎仓、南卓扎仓、德却扎仓、阔钦扎仓、次保扎仓、次尼扎仓、印经院、扎仓修行院、八大吉祥塔等建筑。寺内有五大活佛系统的5处活佛官邸、9大扎仓、8个禅相院、20多座经堂、1座印经院、辩经场，及许多僧舍。现有僧侣1000多人。每年藏历二月十五，要举行迎请强巴佛的宗教盛大节日。一是展佛——18m高、13m宽的强巴佛唐卡，和2m高的镀金强巴佛塑像，将会布置于寺前广场；二是朝圣，全寺千名僧人集体诵经，几万信徒前来朝拜。

③ 手工艺之乡

嘎玛乡位于昌都市卡若区北部、扎曲河流域西部的广大地区，距昌都镇130公里，因境内有著名藏传佛教噶玛噶举派祖寺——噶玛寺而得名。嘎玛乡文化底蕴深厚，构成了民族、民间手工艺传承的特殊地理环境，是昌都著名的民族手工业的聚集地。嘎玛民族手工艺包括：唐卡、佛像、宗教用品、服饰佩饰、生活用品打造、玛尼石雕刻等，其中唐卡画的历史可追溯到吐蕃时期，距今有700多年的历史。

④ 传统节日

藏区传统节日丰富，有藏历新年、萨葛达瓦节、酥油花灯节、央乐节、赛马节、萨列节、拉白节、古庆节、安确节等众多节日，并且大多以聚集为主，对户外公共活动空间有较大的需求。

（3）设计的突破

整体设计以“崇拜”为主题，由中心区域“强巴林寺”向外展开，使寺院空间向外延伸，形成了寺庙为主的“神格空间”和世俗生活为主的“人格空间”之间的过渡空间。使用当地的传统材料进行表达，通过现代的设计手法将其展现出来，并结合当地的地理气候因素，最终形成了既有宗教民族特色，又为当地居民提供了集散、休闲的景观空间。

设计中深度挖掘当地特有的藏传佛教文化，并进行了延续和创新，充分考虑了不同使用人群的需求，通过锅庄广场、大台阶、观景台等节点的设计，创造了宗教活动空间和城市公共空间的高度统一，解决了传统节日、宗教盛典、市民休闲以及传统手工艺展示等诸多空间需求。另外，在设计中考虑了当地特殊的自然条件，对自然灾害和能源问题进行考虑，符合生态安全的要求。

设计的另一个亮点是在藏传佛教教义影响下提出的“可变化景观”的理念：以“无为”创造“有为”，让人、自然、时间作为景观真正的设计者。将藏区传统宗教活动和景观联系起来，通过设计将磕长头、挂经幡、摆玛尼堆、献酥油灯等行为逐步演变为一种景观，这种思想使的整个景观设计灵活多变，充满本土的生命力。

3.4 评价

该方案在前期文脉挖掘方面较为深入，并且考虑了空间使用人群、场地主题以及防灾、减灾等方面的内容，但是“崇拜”的主题分析不够深入，概念解读不具体，导致公园结构不够清晰。“可变化景观”理念的提出说明作者对文脉梳理过程中形成了自己的感性认识，如果能与主题紧密结合、多些理性分析则更好。

结语

在全球一体化的大背景下，城市公园设计出现了趋同化的现象，文脉传承不仅是专家学者的呼吁，也是我们在风景园林专业教育过程中值得去关注的重要内容。在城市公园设计教学实践中，通过从公园定位到文脉挖掘、梳理、提炼，使学生对场地的认知更深刻，真正做到对场地的理解和尊重，才能形成具有文化认同感的特色景观。

参考文献

[1] 承钧，张丹. 城市公园设计中文脉的体现[J]. 中国园林, 2010 (10):48-50.

[2] 刘骏. “城市公园设计”教学研究[J]. 西部人居环境学刊, 2013(5):6-10.

[3] 姚吉昕, 金云峰. 基于不同视角的城市公园设计策略与方法[J]. 广东园林，2017.(2):45-50.

[4] 张振雷，王建军. 地域文化在城市公园设计中的应用[J]. 陕西林业科学, 2012(4):66-68.

道
——强巴林寺周边城市公园设计 I
N
A
A
B
B
设计说明：
该场地位于一坡地上，最高处高达45m，因此总体规划设计采用了台地的形式来减小场地高差，同时也形成了独特的景观。
场地中心有一寺庙——强巴林寺，考虑到强巴林寺的重要影响及人们的使用需求，着重设计了强巴林寺入口区及南部公共广场区，其他区域则以绿化为主。在缺乏公共绿地和广场的昌都镇，公园建成后将成为该城市的“绿肺”及主要的集会活动区。

总平面图：1:1000

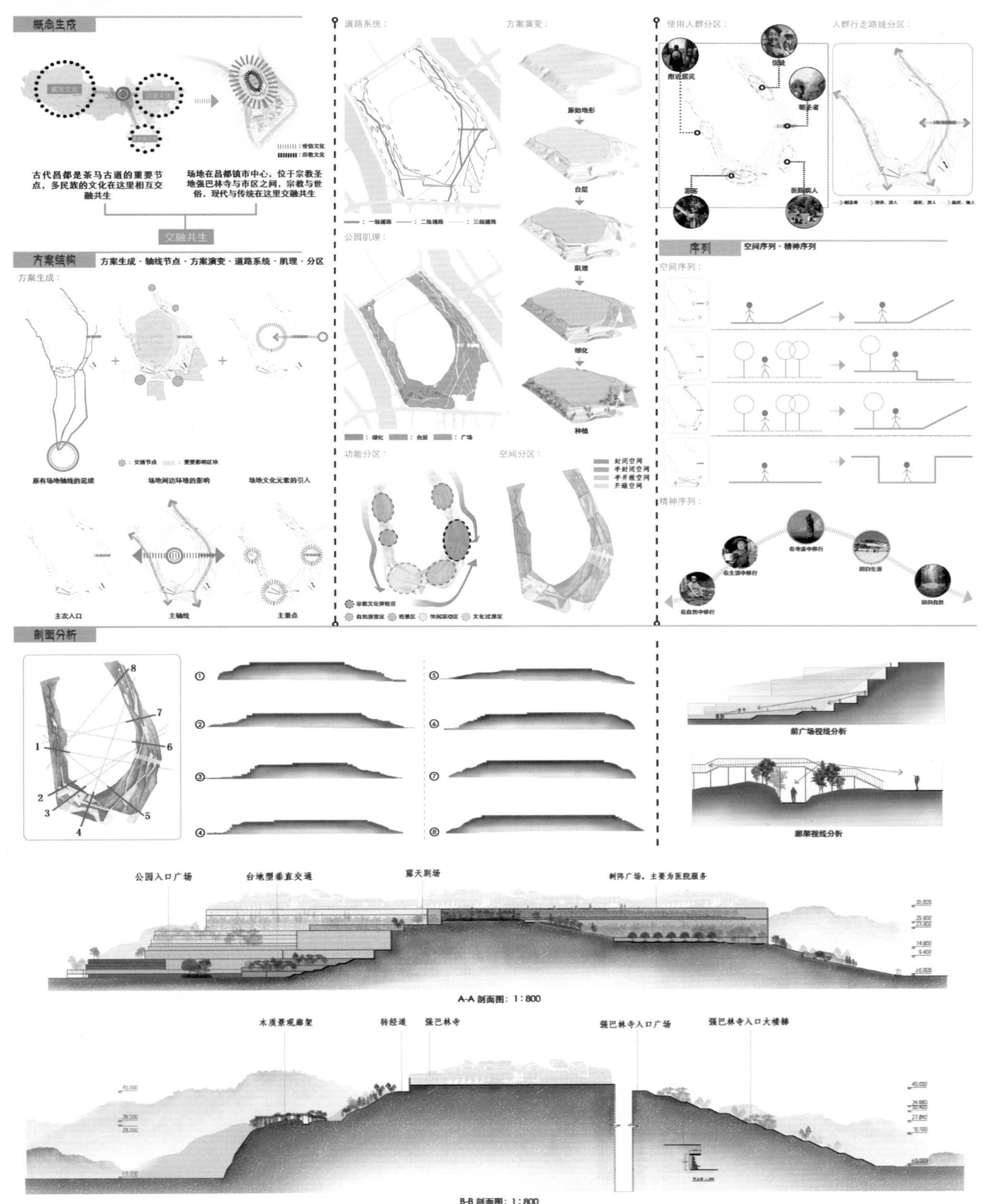

道
——强巴林寺周边城市公园设计II
概念生成
古代昌都是茶马古道的重要节点，多民族的文化在这里相互交融共生
场地在昌都镇市中心，位于宗教圣地强巴林寺与市区之间，宗教与世俗，现代与传统在这里交融共生
交融共生
方案结构
方案生成 · 轴线节点 · 方案演变 · 道路系统 · 肌理 · 分区
方案生成：
原有场地轴线的延续
场地周边环境的影响
场地文化元素的引入
主次入口
主轴线
主景点
道路系统：
方案演变：
原始地形
台层
肌理
绿化
种植
公园肌理：
功能分区：
空间分区：
使用人群分区：
人群行走路线分区：
序列
空间序列 · 精神序列
空间序列：
精神序列：
在自然中修行
在生活中修行
在寺庙中修行
回归生活
回归自然
剖面分析
前广场视线分析
廊架视线分析
公园入口广场
台地型垂直交通
露天剧场
树阵广场，主要为医院服务
A-A 剖面图：1:800
木质景观廊架
转经道
强巴林寺
强巴林寺入口广场
强巴林寺入口大楼梯
B-B 剖面图：1:800

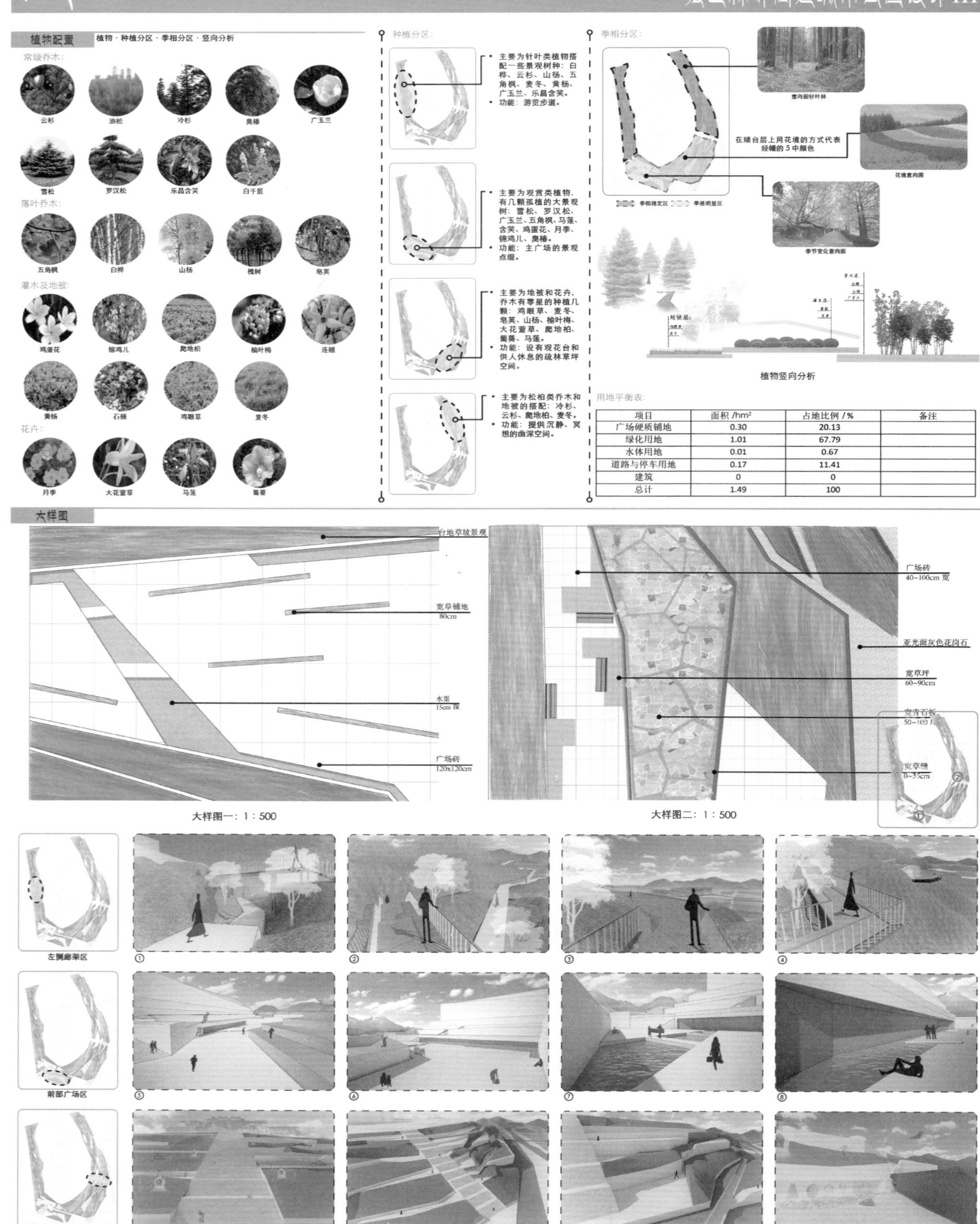

项目	面积 /hm²	占地比例 /%	备注
广场硬质铺地	0.30	20.13	
绿化用地	1.01	67.79	
水体用地	0.01	0.67	
道路与停车用地	0.17	11.41	
建筑	0	0	
总计	1.49	100	

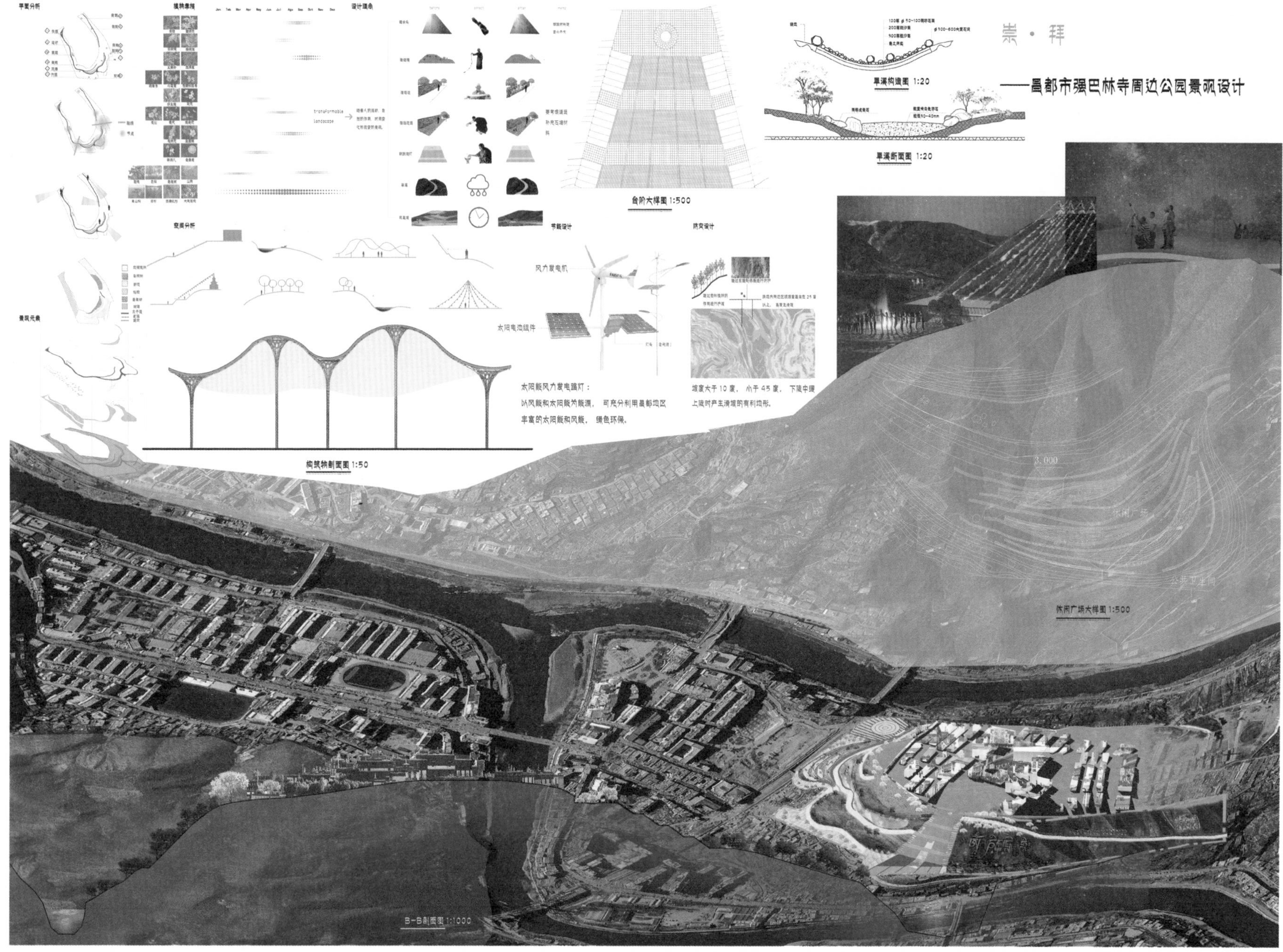

崇 · 拜
——昌都市强巴林寺周边公园景观设计
平面分析
植物景观
设计理念
旱溪构造图 1:20
旱溪断面图 1:20
台阶大样图 1:500
空间分析
节能设计
防灾设计
景观元素
风力发电机
太阳能电池组件
太阳能风力发电路灯：
以风能和太阳能为能源，可充分利用昌都地区
丰富的太阳能和风能，绿色环保。
坡度大于10度，小于45度，下设中植
上设可产生滑坡的有利地形。
构筑物剖面图 1:50
休闲广场大样图 1:500
B-B剖面图 1:1000

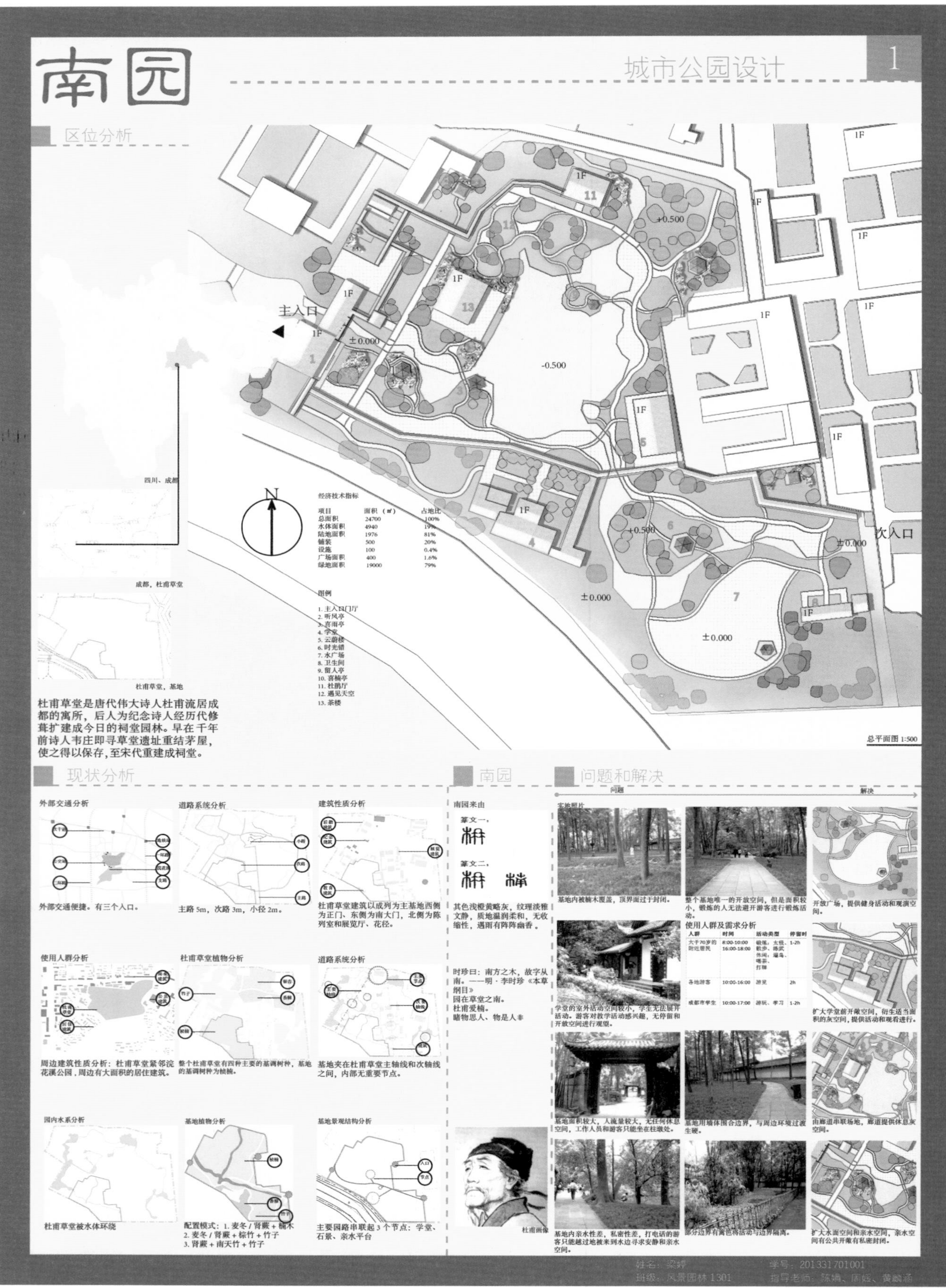

项目	面积（㎡）	占地比
总面积	24700	100%
水体面积	4940	19%
陆地面积	1976	81%
铺装	500	20%
设施	100	0.4%
广场面积	400	1.6%
绿地面积	19000	79%

南园
城市公园设计
2
听风亭透视图
设计说明
杜甫草堂从建立到此历经千年，千年以来，人们从各地赶来瞻仰纪念，然而物是人非，只能睹物思人。设计试图通过探寻与杜甫的时代相通的自然植物、景观的营造方式，与天空、风、雨、水、楠木、石头相遇，完成人们对杜甫的精神性的纪念。方案选址在两条轴线中间的位置，是秩序上和空间上的连接过渡地带。杜甫草堂是纪念历史的，而设计选址空间上两条轴线的中间，也是历史文化和现代文化的碰撞地带，此处有传统的巴蜀园林景观，又有现代的景观元素，是与时间的相遇。文化与身份的回文重述，是达成文化共识所需的重要条件，设计试图通过空间以及修辞上的重建，完成这一重述，从而促进城市景观建设与未来发展。
设计分析
与天空相遇
与土地相遇
与云相遇
与雨相遇
与时间相遇
与水相遇
休息茶室
学堂
观演廊
表演场地
集会休闲广场
卫生间
节点放大
节点透视图
听风亭建筑小品
姓名：梁婷
班级：风景园林 1301
学号：201331701001
指导老师：陈娟、周媛、黄麒涵

南园
城市公园设计
3
道路系统规划
道路类型:
通道型主干道
通道型次干道
游览型主干道
游览型次干道
竖向分析
地形:
平地
微地形
坡地
植物分析
基调树种:
桢楠
慈竹
柳树
香樟
主要基调树种：桢楠
次要基调树：慈竹
主要灌木杜鹃
主要地被：麦冬
剖面、立面分析
剖面图 1-1
1:500
剖面图 2-2
1:500
主入口立面图 1:500
沿湖西立面图 1:500
全园鸟瞰图
姓名：梁婷
班级：风景园林 1301
学号：201331701001
指导老师：陈娟、周媛、黄麟涵

新声 1
New Axis New Sound
1.SITE
Location
Cheng Du
The Site
Sichuan Province
Introduce
基地位于四川省成都市青羊区AAAA级景区杜甫草堂中，占地面积约2.7hm²，杜甫草堂周边有多个公园（浣花溪公园、百花潭公园、文化公园），临近四川博物馆、西南财经大学，文化氛围浓重。
2.MAIN SRATEGY
Concept planning
茅屋故居轴线
大廨堂古建群轴线
唐代遗址
景观园轴线（新）
轴线分布图
休息区
老年活动区
游客活动区
经现场调研发现，杜甫草堂东边场地林区较大，场地利用率较低，并且园中供人休憩的区域较少，因此设计初期出发点是将园中东边场地利用起来，形成园中第三条新的轴线，并为游人提供更多的休憩空间。
Detail Plan
《茅屋为秋风所破歌》
八月秋高风怒号，卷我屋上三重茅。
茅飞渡江洒江郊，高者挂罥长林梢，下者飘转沉塘坳。
南村群童欺我老无力，忍能对面为盗贼，公然抱茅入竹去。
唇焦口燥呼不得，归来倚杖自叹息。
俄顷风定云墨色，秋天漠漠向昏黑。
布衾多年冷似铁，娇儿恶卧踏里裂。
床头屋漏无干处，雨脚如麻未断绝。
自经丧乱少睡眠，长夜沾湿何由彻？
安得广厦千万间，大庇天下寒士俱欢颜，风雨不动安如山！
呜呼！何时眼前突兀见此屋，吾庐独破受冻死亦足！
作诗出发点
竹林
万佛楼
听雨坛
书声
佛声
雨声
声之轴线
书堂
沁心桥
欢颜桥
抱竹林
W·C
浣花溪
万佛楼
静心广场
听雨坛
公园总平面图1：500
3.Scenograph
4.Profile Map
Road|园路
古建筑群
区域稻田
圆形休憩空间
a-a局部剖面图1：300
新声
城市公园
杜甫草堂设计
（一）
姓名
刘晓雅
学号
201331701019
班级
风景园林1301
指导老师
日期
2016.6.23
成绩
Page1

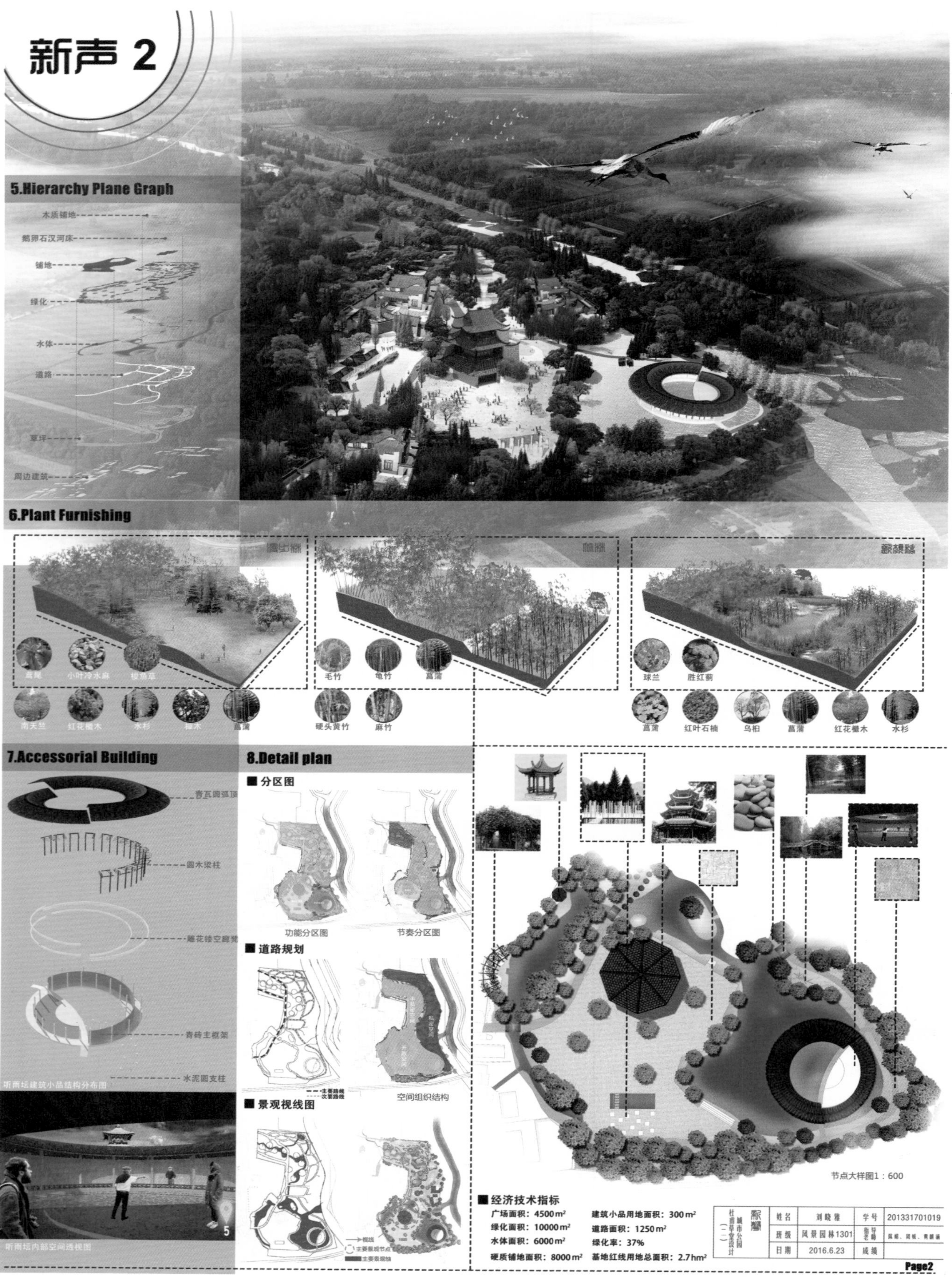

新声 2
5.Hierarchy Plane Graph
木质铺地
鹅卵石汉河床
铺地
绿化
水体
道路
草坪
周边建筑
6.Plant Furnishing
鸢尾
小叶冷水麻
梭鱼草
南天竺
红花檵木
水杉
柳木
菖蒲
毛竹
龟竹
菖蒲
硬头黄竹
麻竹
球兰
胜红蓟
菖蒲
红叶石楠
乌桕
菖蒲
红花檵木
水杉
7.Accessorial Building
青瓦圆弧顶
圆木梁柱
雕花镂空廊凳
青砖主框架
水泥圆支柱
听雨坛建筑小品结构分布图
听雨坛内部空间透视图
8.Detail plan
分区图
功能分区图
节奏分区图
道路规划
空间组织结构
景观视线图
节点大样图1：600
经济技术指标
广场面积：4500m²
绿化面积：10000m²
水体面积：6000m²
硬质铺地面积：8000m²
建筑小品用地面积：300m²
道路面积：1250m²
绿化率：37%
基地红线用地总面积：2.7hm²
姓名
刘晓雅
学号
201331701019
班级
风景园林1301
日期
2016.6.23
成绩
Page2

设计说明

杜甫为躲避安史之乱又得友人相助客居成都。居于成都的日子虽然安逸但杜甫并未长居于此地，伴随杜甫后半生更多的是他于庙堂、市井之间的徘徊，以及仕途无望后的羁旅生活。从成都离开后他又辗转嘉州、宜宾、重庆直到奉节，一路漂泊羁旅以及浓厚的思乡情怀无不化成苦难融进杜甫的诗歌中。本小组将杜甫羁旅的几个城市在地图上的形态以水的形式还原呈现，以水为主线，带领游人踏上杜甫漂泊的生涯。

经济技术指标：

红线内总面积：27500㎡

绿化面积：2086㎡　水体面积：2800㎡

道路面积：2000㎡　建筑面积：1874㎡

以溪而泊

总平面图 1:500

图例	名称	图例	名称
	高大开花树木		迎春花
	中高开花树木		桂花
	楠树		中小灌木
	柳树		长凳
	红枫		亭子
	黄栌		

N

区位及周边环境分析

浣花溪畔，一环路与二环路之间，北临青华路，南邻草堂路

杜甫草堂位于四川省成都市

草堂周围多为居住用地

卫星图

居住用地
文化活动用地
浣花溪公园

杜甫草堂现状分析

故居建筑轴线

照壁-正门-大廨-诗史堂-柴门-工部祠

陈列展览建筑轴线

照壁-南门-情系草堂陈列室-大雅堂

主要景区分为四部分：北部唐代遗址陈列区、西部杜甫故居参观区、中部陈列展览区、东部万佛楼游览区。其中北部中部规划完善，也是草堂内游客较多的区域，而唐代遗址东侧有较大面积的水域，却游客稀少。

草堂内水流引自浣花溪，活水贯穿全园，形成了良好、完整的园内水系。

草堂内有完整的建筑空间轴线，北部虽缺乏建筑但具备丰富的植物空间环境及亲水条件。

主园路环绕全园，将茅屋和大雅堂包裹其中但游园路线较长，北部植物空间杂乱无章，观赏价值较差，指示北部唐代遗址通往万佛楼的园路无趣且浪费游客时间。

根据调研所发现的问题

草堂北部水域开阔区域植物层次丰富，但遮挡了整个水景区，影响其观赏价值；植物空间杂乱疏于管理；缺乏老年人所需的硬质活动场地。

设想的解决方案：

改变部分水体形态，清理驳岸植物；增设硬质活动场地。

理念生成

成都
宜宾
重庆
忠县
云阳
奉节

a.杜甫后半生漂泊所经地区在地图上的方位

连线+旋转以适应场地

b.得到基本图形

以水填充（杜甫的漂泊生涯沿长江而下）

c.得到水体形态

学校：西南民族大学　专业：风景园林　作品名称：以溪而泊　作者：尹静宜　指导老师：陈娟、周媛

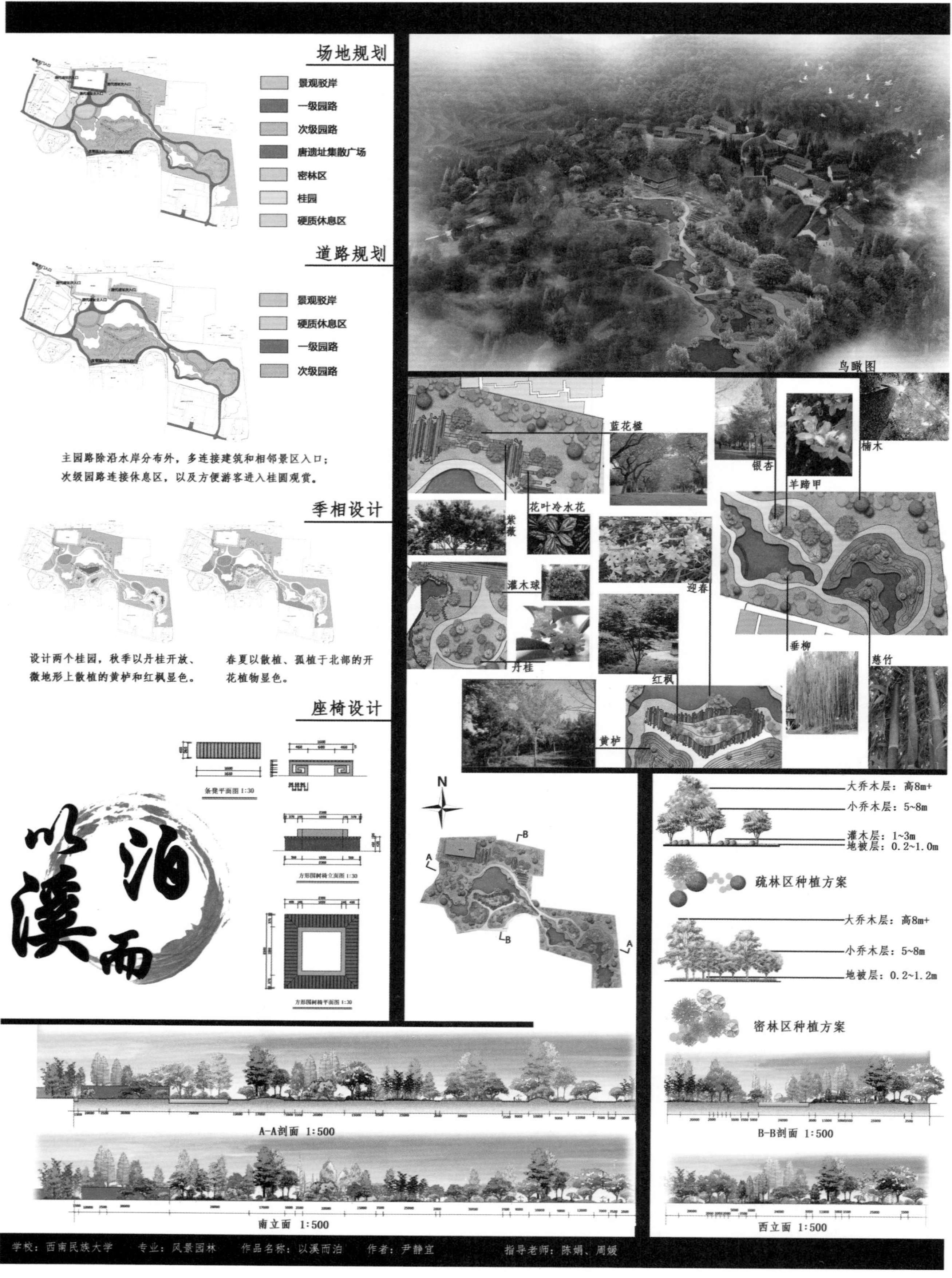

场地规划
景观驳岸
一级园路
次级园路
唐遗址集散广场
密林区
桂园
硬质休息区
道路规划
景观驳岸
硬质休息区
一级园路
次级园路
主园路除沿水岸分布外，多连接建筑和相邻景区入口；
次级园路连接休息区，以及方便游客进入桂园观赏。
季相设计
设计两个桂园，秋季以丹桂开放、微地形上散植的黄栌和红枫显色。
春夏以散植、孤植于北部的开花植物显色。
座椅设计
以溪而泊
鸟瞰图
蓝花楹
银杏
羊蹄甲
楠木
紫薇
花叶冷水花
灌木球
迎春
丹桂
红枫
垂柳
慈竹
黄栌
N
大乔木层：高8m+
小乔木层：5~8m
灌木层：1~3m
地被层：0.2~1.0m
疏林区种植方案
大乔木层：高8m+
小乔木层：5~8m
地被层：0.2~1.2m
密林区种植方案
A-A剖面 1:500
南立面 1:500
B-B剖面 1:500
西立面 1:500
学校：西南民族大学　专业：风景园林　作品名称：以溪而泊　作者：尹静宜　指导老师：陈娟、周媛

03

居住区设计

RESIDENTIAL DISTRICT DESIGN

从 2016 版《居住区规划设计规范》看课程教学创新

西南民族大学城市规划与建筑学院　曾昭君

摘要：2016 年新版《城市居住区规划设计规范》简称《规范》的修订实施预示着我国居住区规划设计进入新的时期，在居住区规划设计课程的教学内容与方法上依据《规范》做出调整和创新，对提高学生的专业技能以顺应行业发展趋势有着重要意义。本文首先梳理了 2016 年《规范》的内容及时代背景，其次针对内容提出教学培养目标、教学具体内容、教学过程方法三个方面的创新型改进措施，以期未来也能在城乡规划、风景园林及建筑学专业的居住区规划设计课程中得到应用和推广。

关键词：居住区规划设计　规范　就教学内容　教学方法　创新

引言

2016年《城市居住区规划设计规范》修订是根据住房和城乡建设部的要求，由中国城市规划设计研究院会同相关单位对《城市居住区规划设计规范》（GB 50180—93）（2012年版）进行修订而成。最新《规范》内容的调整，对于本科《居住区规划设计》课程教学内容上有哪些影响？如何在理解《规范》的基础上培养学生建立顺应时代发展的专业技能？本文将就此展开讨论，并结合学生的课程作业进行分析，最终构建新时期背景下《居住区规划设计》课程培养体系。

1.《规范》内容调整及背景解读

从 2016 年 《规范》 增补和调整的内容来看， 主要体现了对低影响开发、 老龄化、 防灾避灾、 新能源 4 方面的重视。

1.1　低影响开发理念

低影响开发雨水系统（low Impact development，LID）指在场地开发过程中采用源头、分散式措施维持场地开发前的水文特征，也称为低影响设计（Low Impact Design，LID）或低影响城市设计和开发（Low Impact Urban Design and Development，LIUDD）。其核心是维持场地开发前后水文特征不变，包括径流总量、峰值流量、峰现时间等。在《规范》中主要表现在4方面：首先，基本原则提出应当符合低影响开发的建设要求，充分利用河湖水域，促进雨水的自然积存、自然渗透、自然净化；这一原则和我国今年提出的海绵城市理念相吻合。其次，在规划布局中，提出应适度开发、利用地下空间，合理控制建设用地的不透水面积，留足雨水自然渗透、净化所需的生态空间。随着城市化发展，城市中的不透水地表面积快速增加，导致暴雨降临时，难以将雨水排掉或通过地表消纳，从而造成大面积积水，给人们的日常生活行走带来极大的不便，甚至造成人员损伤。此次《规范》中明确提出要考虑将绿地空间和地下空间结合，实现缓解瞬时雨量的目标。再次，在绿地与绿化章节中，提出居住区的绿地应结合场地雨水规划进行设计，可根据需要因地制宜地采用兼有调蓄、净化、转输功能的绿化方式。这是针对绿地的具体设计提出了新的技术需求，包括绿地空间类型、植物种类、铺装的透水性等方面，并且在竖向设计上，明确满足防洪设计要求；满足内涝灾害防治、面源污染控制及雨水资源化利用的要求，并给出了不同场地的坡度范围。最后，在综合技术经济指标中增加了年径流总量控制率这一指标，这和《海绵城市建设技术指南》中的指标相呼应，同时也可以作为下行详细规划中对总指标的分解。

1.2 老龄化问题

人口老龄化、人口年龄结构中老年人口比例逐年增长和残疾人占有一定比重，是我国在相当时期内的现实状况。首先，在基本原则中，提出应符合所在地经济社会发展水平，民族习俗和传统风貌，气候特点与环境条件，包含居住人群的年龄结构特征。以人为本的设计理念是规划设计的主要理论思想，但在这版《规范》中明确强调了老龄化的因素，可见这已经成为规划设计中日益突出且亟待解决的社会问题。具体内容主要通过规划设计老年人活动社交场地、服务设施等方面来体现。这不仅仅是物质空间的设计，还提倡注重物质空间中老年人的情感关怀等问题。

1.3 防灾避灾

近年，随着气候变化和城市化快速发展，城市中的自然灾害及人为灾害逐渐增多，居民的生命安全也面临多重隐患，居住区是居民生活时间较长的区域，发生灾害的概率也较大，因此，居住区规划中明确提出了对防灾避灾问题的考虑：除应对雨洪灾害采取的低影响措施外，对居住区内的主要道路也提出小区内道路应满足消防、救护等车辆的通行要求。这是提倡道路规划要与抗震防灾规划相结合。在抗震设防城市的居住区内道路规划必须保证有通畅的疏散通道（图1），并在因地震诱发的电气火灾、水管破裂、煤气泄漏等次生灾害时，能保证消防、救护、工程救险等车辆的出入。

1.4 新能源发展

新能源一般是指在新技术基础上加以开发利用的可再生能源，包括太阳能、生物质能、风能、地热能、波浪能、洋流能和潮汐能，以及海洋表面与深层之间的热循环等，还有氢能、沼气、酒精、甲醇等，而已经广泛利用的煤炭、石油、天然气、水能等能源，被称为常规能源。常规能源的有限性以及环境问题的日益突出，以环保和可再生为特质的新能源越来越得到各国的重视。随着国家发改能源[2015]1454号《关于印发〈电动汽车充电基础设施发展指南（2015—2020）〉的通知》中宏观政策的出台，各行各业均做出响应，居住区规划设计则是在《规范》中明确提出新建居民区配建停车位应预留充电基础设施安装条件。这是在经济发展到一定程度或具备新能源车辆应用的新小区考虑的，并不是所有居住区中都必须设置。

2. 教学培养目标改进措施

居住区规划设计的目标是在“以人为核心”的指导原则下，建立居住区不同功能同步运转的机制；以可持续发展战略为指导，建设文明、舒适、健康的居住区；《居住区规划设计》课程的培养目标则是让学生掌握居住区规划设计的专业技能。从新版的《城市居住区规划设计标准》来看，纳入了低影响开发、老龄化、防灾避灾、新能源四个理念，并且相对之前的《标准》更加体现了居民对物质与文化、生理和心理的综合需求，为居民提供高品质的居住生活环境。因此，在课程教学中，对培养目标进行改进，除了掌握基本的居住区规划设计及住宅建筑设计技能外，着重培养学生对时代诉求的理解，并以此增强学生的社会责任感。

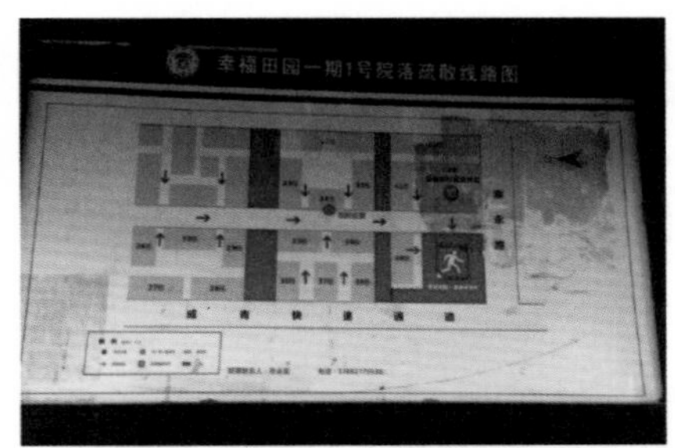

图1 逃生疏散标志牌

3. 教学内容改进措施

理论讲授环节，除了完成居住区规划设计基本原理的讲解外，增加低影响开发、老龄化、城市防灾避灾及新能源产业规划内容。内容深度以拓宽学生视野为目标，具体内容包括阐述四个方面内容与居住区规划设计的关系，以及《规范》中要求完成的指标的内涵。

图 2 养老空间：老人日托所

图 3 学生对基础设施的测量

实践环节，分别在案例调研、场地调研与分析、设计方案三个内容中增加对这四个方面的考察。如在案例调研中，要求学生关注居住区对地表雨水、生活污水等的处理方式；要求学生关注居住区中的老年人的行为活动，通过调查访谈了解老年人对居住区环境的需求（图2）；要求学生关注居住区中消防通道的设置、是否考虑了紧急避难场所的设置和指示标志等；要求学生对居住区的发展现状进行分析，是否已出现新能源电动汽车或已具备发展的潜力。通过案例调查，学生主动观察分析新时代下居住区的发展现状以及存在的问题，加深对《规范》的理解和记忆。图3为学生在进行居住区案例调研过程中发现的问题。

最后，设计方案阶段，要求学生在规划策略中，必须结合场地特征考虑如何实现低影响开发的设计，如何满足年径流指标的分解；在活动空间的规划布局中，优先考虑老人和儿童的使用（图4），以及无障碍道路体系及设施的设计；完成防灾避灾空间规划；在停车场设计中考虑新能源汽车的布局；这些要求作为评图过程中除基本规范要求外，重点考察的内容，未考虑这些因素，或者未结合场地选择恰当的策略的作业，视为不合格，以此强调新时代发展中对居民生活环境的重视。只有在本科课程学习中养成关注和解决社会问题的意识，才能在未来为社会服务过程中做出满足居民需求的规划作品（图5）。

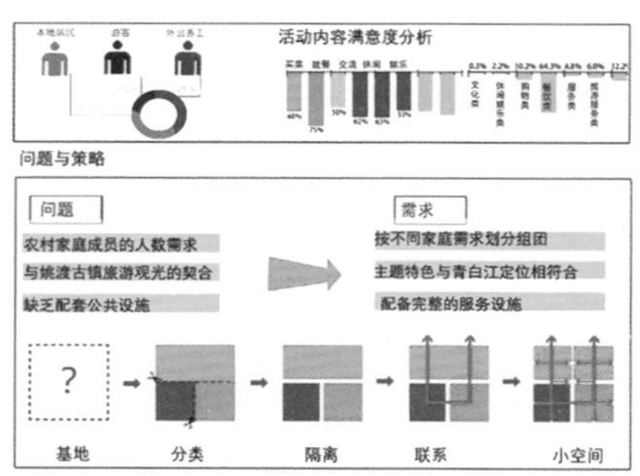

图 4 学生作业中基于人群特征进行分析

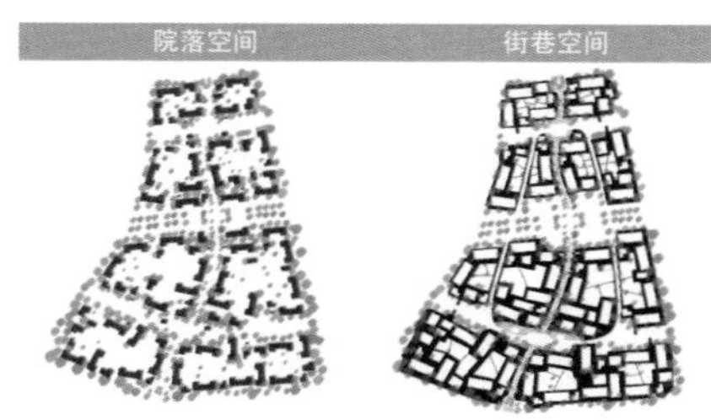

图 5 学生作业中打造老年人活动便利的组团空间

结语

本文通过对2016版《城市居住区规划设计规范》的修订内容进行梳理，发现主要体现了对低影响开发、老龄化、防灾避灾、新能源四个方面的重视，并分析解读了调整内容的时代背景和社会需求，结合四个主要修订内容对城乡规划、风景园林本科专业的《居住区规划设计》课程的教学目标和教学内容进行创新性改革，分别在理论讲授、案例调研、场地分析和方案设计四个环节加强对新版《规范》内容的体现和考察，以期培养学生对时代诉求的理解，强化学生的专业技能，增强学生的社会责任感。

参考文献

[1] 中华人民共和国建设部. 城市居住区规划设计规范[S]. 北京: 中国建筑工业出版社, 2016.

[2] 李飞. 对《城市居住区规划设计规范(2002)》中居住小区理论概念的再审视与调整[J]. 城市规划学刊, 2011, (03): 96-102.

[3] 张建. 调研型案例教学在居住区规划设计课程中的应用探讨[J]. 高等建筑教育, 2015, 24(05):145-150.

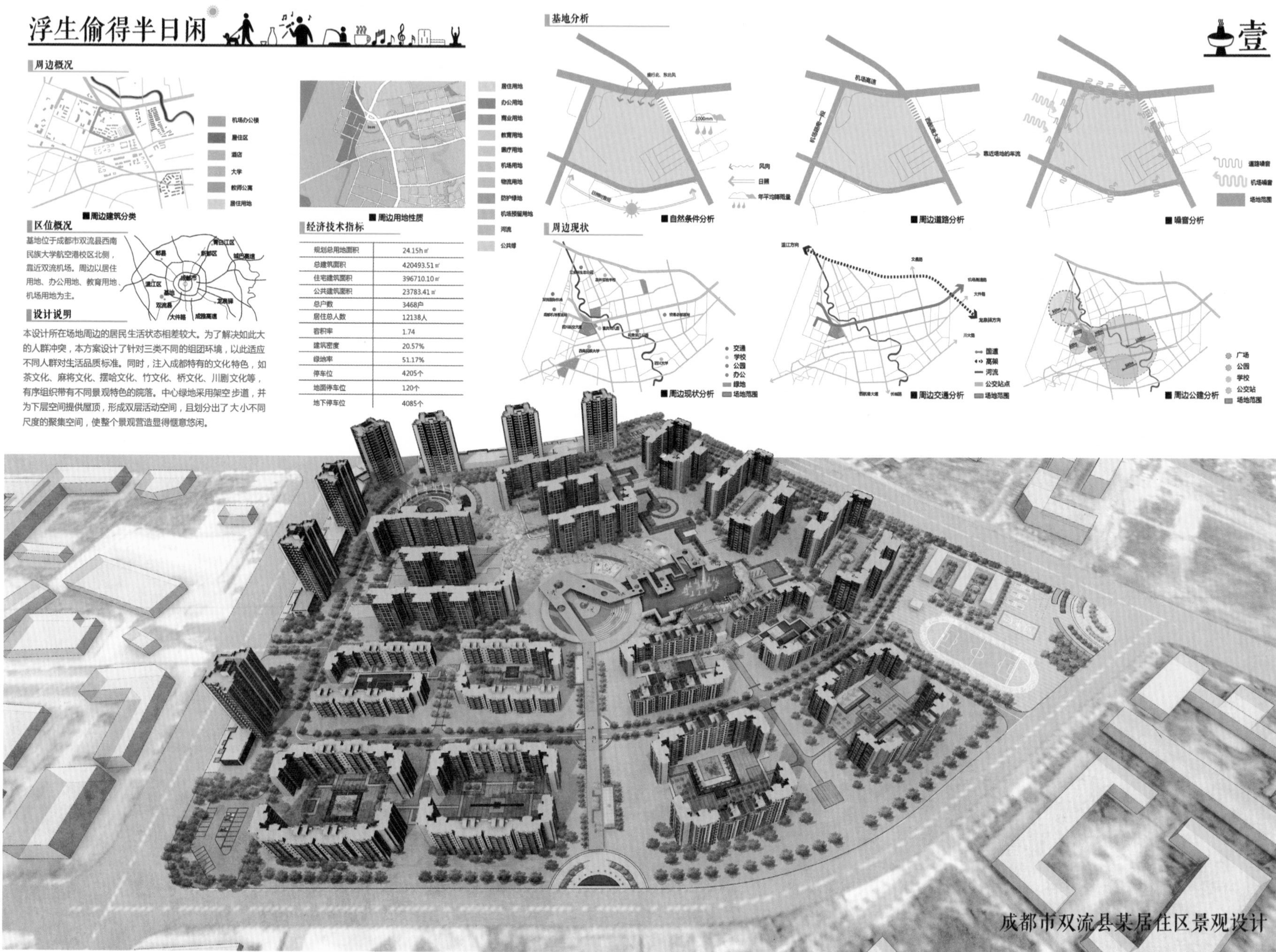
浮生偷得半日闲
壹
周边概况
机场办公楼
居住区
酒店
大学
教师公寓
居住用地
周边建筑分类
区位概况
基地位于成都市双流县西南民族大学航空港校区北侧，靠近双流机场。周边以居住用地、办公用地、教育用地、机场用地为主。
郫县
新都区
青白江区
城巴高速
成都市
温江区
基地
双流县
龙泉驿
大件路
成雅高速
设计说明
本设计所在场地周边的居民生活状态相差较大。为了解决如此大的人群冲突，本方案设计了针对三类不同的组团环境，以此适应不同人群对生活品质标准。同时，注入成都特有的文化特色，如茶文化、麻将文化、摆哈文化、竹文化、桥文化、川剧文化等，有序组织带有不同景观特色的院落。中心绿地采用架空步道，并为下层空间提供屋顶，形成双层活动空间，且划分出了大小不同尺度的聚集空间，使整个景观营造显得惬意悠闲。
周边用地性质
居住用地
办公用地
商业用地
教育用地
医疗用地
机场用地
物流用地
防护绿地
机场预留用地
河流
公共绿
经济技术指标
规划总用地面积 24.15h㎡
总建筑面积 420493.51㎡
住宅建筑面积 396710.10㎡
公共建筑面积 23783.41㎡
总户数 3468户
居住总人数 12138人
容积率 1.74
建筑密度 20.57%
绿地率 51.17%
停车位 4205个
地面停车位 120个
地下停车位 4085个
基地分析
风向
日照
年平均降雨量
自然条件分析
机场高速
周边道路分析
靠近场地的车流
道路噪音
机场噪音
场地范围
噪音分析
周边现状
交通
学校
公园
办公
绿地
场地范围
周边现状分析
温江方向
龙泉驿方向
国道
高架
河流
公交站点
场地范围
周边交通分析
广场
公园
学校
公交站
场地范围
周边公建分析
成都市双流县某居住区景观设计

成都市双流县某居住区景观设计
浮生偷得半日闲
总平面图 1:1000

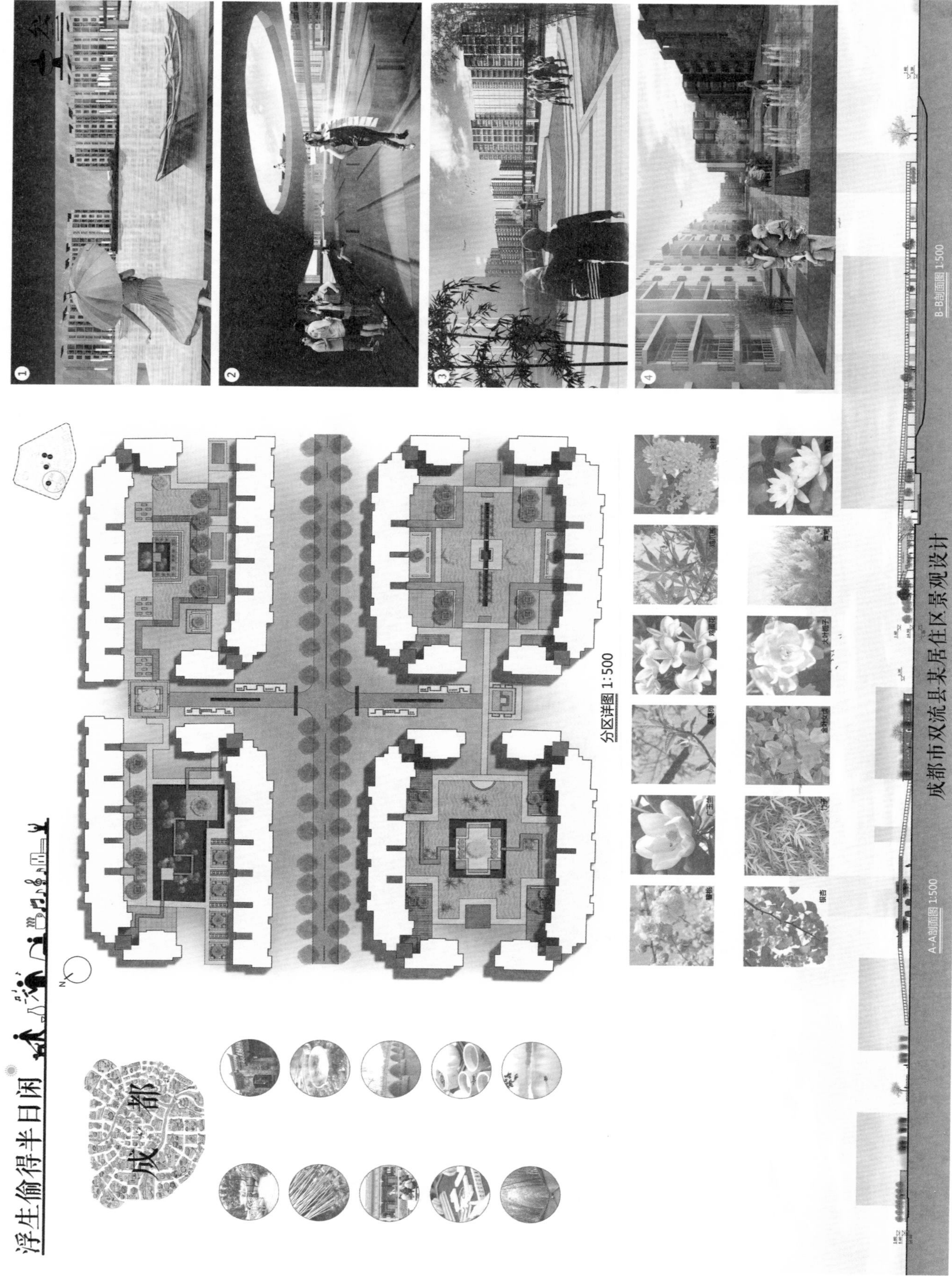
浮生偷得半日闲
成都
分区详图 1:500
A-A剖面图 1:500
B-B剖面图 1:500
成都市双流县某居住区景观设计

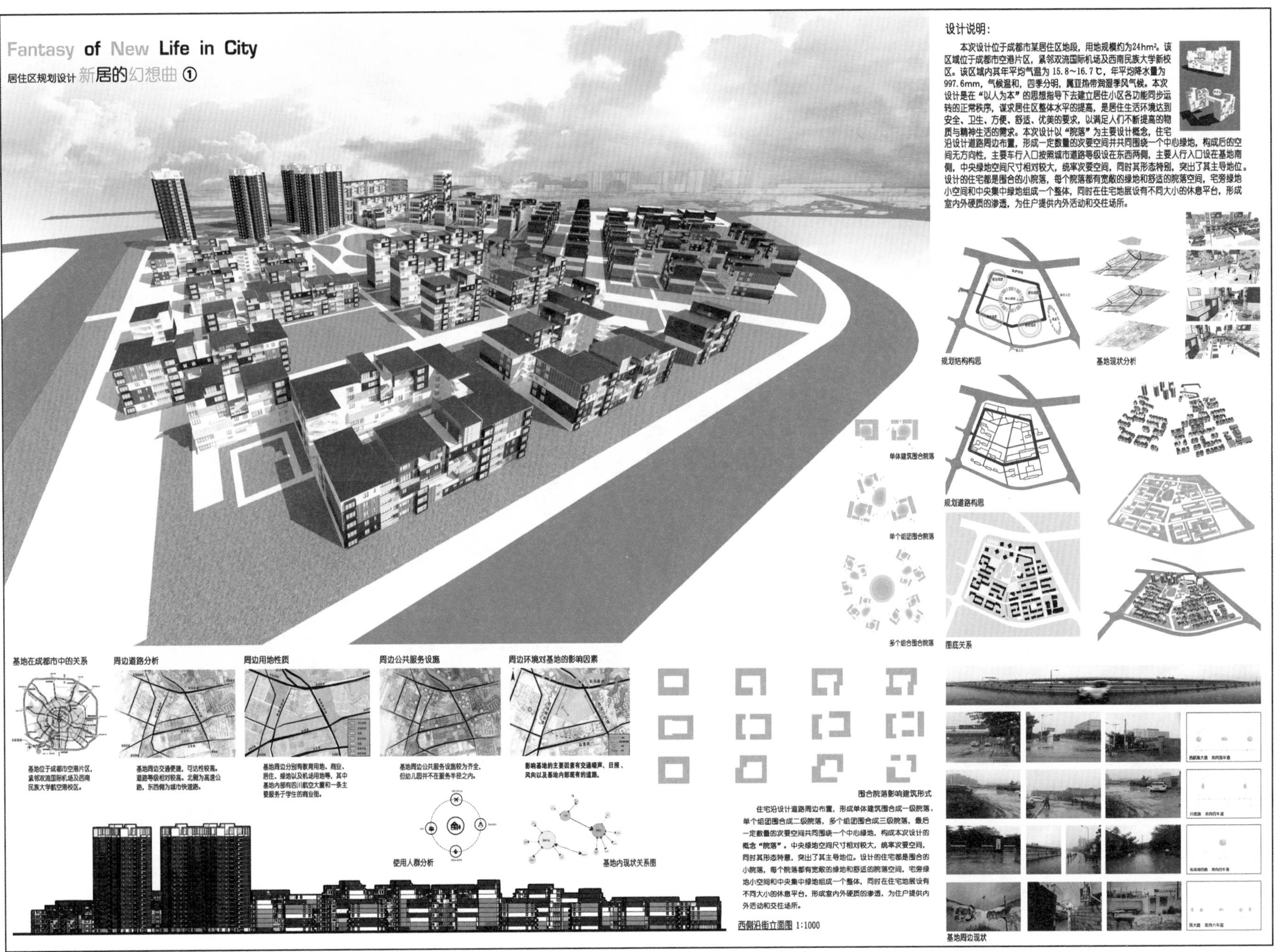
Fantasy of New Life in City
居住区规划设计 新居的幻想曲 ①
设计说明：
本次设计位于成都市某居住区地段，用地规模约为24hm²。该区域位于成都市空港片区，紧邻双流国际机场及西南民族大学新校区。该区域内其年平均气温为 15.8～16.7℃，年平均降水量为997.6mm，气候温和，四季分明，属亚热带润湿季风气候。本次设计是在“以人为本”的思想指导下去建立居住小区各功能同步运转的正常秩序，谋求居住区整体水平的提高，是居住生活环境达到安全、卫生、方便、舒适、优美的要求，以满足人们不断提高的物质与精神生活的需求。本次设计以“院落”为主要设计概念，住宅沿设计道路周边布置，形成一定数量的次要空间并共同围绕一个中心绿地，构成后的空间无方向性，主要车行入口按照城市道路等级设在东西两侧，主要人行入口设在基地南侧，中央绿地空间尺寸相对较大，统率次要空间，同时其形态特别，突出了其主导地位。设计的住宅都是围合的小院落，每个院落都有宽敞的绿地和舒适的院落空间，宅旁绿地小空间和中央集中绿地组成一个整体，同时在住宅地层设有不同大小的休息平台，形成室内外硬质的渗透，为住户提供内外活动和交往场所。
规划结构构思
基地现状分析
规划道路构思
图底关系
单体建筑围合院落
单个组团围合院落
多个组团围合院落
基地在成都市中的关系
基地位于成都市空港片区，紧邻双流国际机场及西南民族大学航空港校区。
周边道路分析
基地周边交通便捷，可达性较高。道路等级相对较高。北侧为高速公路，东西侧为城市快速路。
周边用地性质
基地周边分别有教育用地、商业、居住、绿地以及机场用地等，其中基地内部有四川航空大厦和一条主要服务于学生的商业街。
周边公共服务设施
基地周边公共服务设施较为齐全，但幼儿园并不在服务半径之内。
周边环境对基地的影响因素
影响基地的主要因素有交通噪声、日照、风向以及基地内部现有的道路。
围合院落影响建筑形式
住宅沿设计道路周边布置，形成单体建筑围合成一级院落，单个组团围合成二级院落，多个组团围合成三级院落，最后一定数量的次要空间共同围绕一个中心绿地，构成本次设计的概念“院落”。中央绿地空间尺寸相对较大，统率次要空间，同时其形态特意，突出了其主导地位。设计的住宅都是围合的小院落，每个院落都有宽敞的绿地和舒适的院落空间，宅旁绿地小空间和中央集中绿地组成一个整体，同时在住宅地层设有不同大小的休息平台，形成室内外硬质的渗透，为住户提供内外活动和交往场所。
使用人群分析
基地内现状关系图
西侧沿街立面图 1:1000
基地周边现状

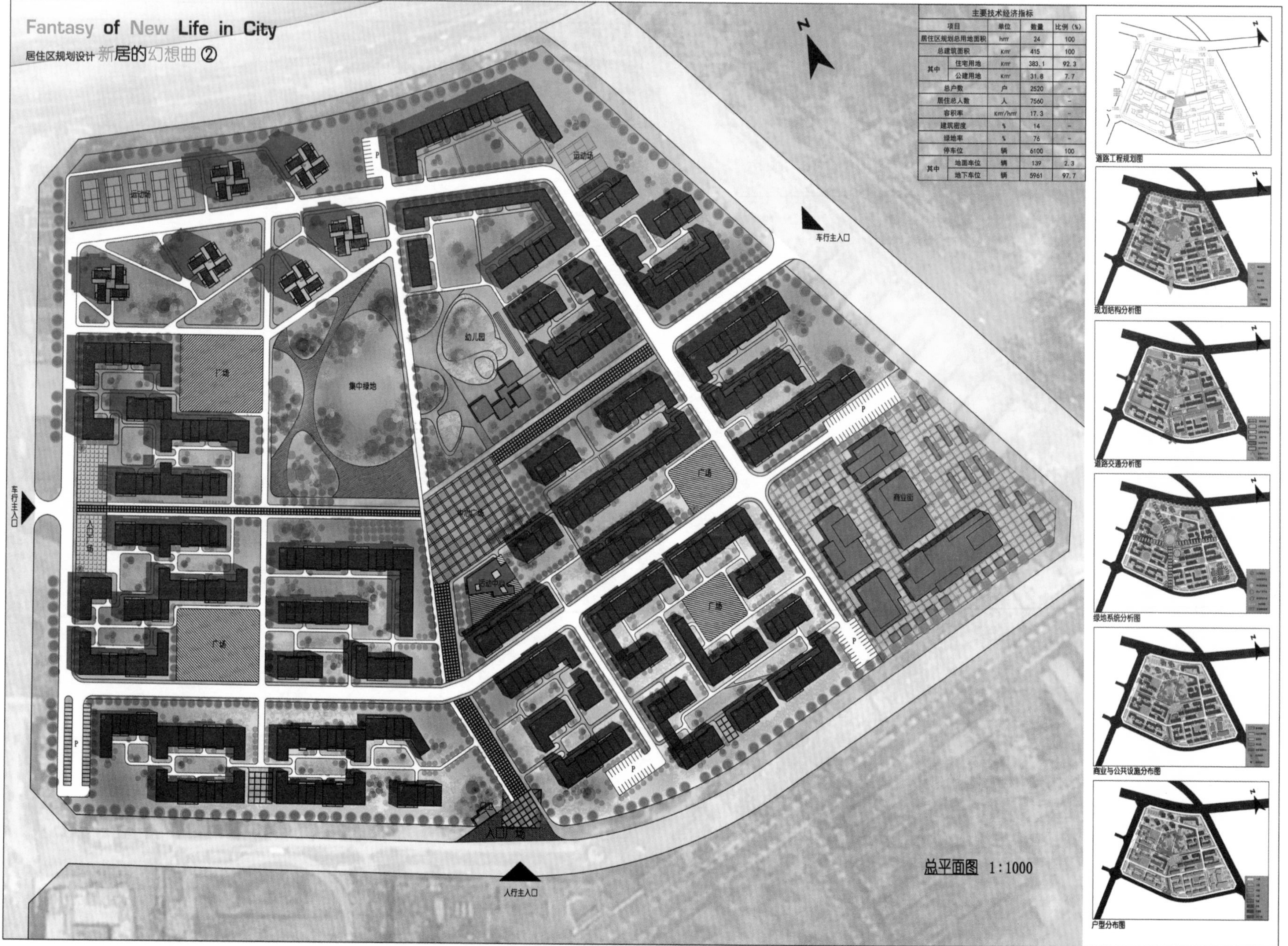

主要技术经济指标

项目		单位	数量	比例（%）
居住区规划总用地面积		hm^2	24	100
总建筑面积		Km^2	415	100
其中	住宅用地	Km^2	383.1	92.3
	公建用地	Km^2	31.8	7.7
总户数		户	2520	-
居住总人数		人	7560	-
容积率		$\mathrm{Km}^2/\mathrm{hm}^2$	17.3	-
建筑密度		%	14	-
绿地率		%	76	-
停车位		辆	6100	100
其中	地面车位	辆	139	2.3
	地下车位	辆	5961	97.7

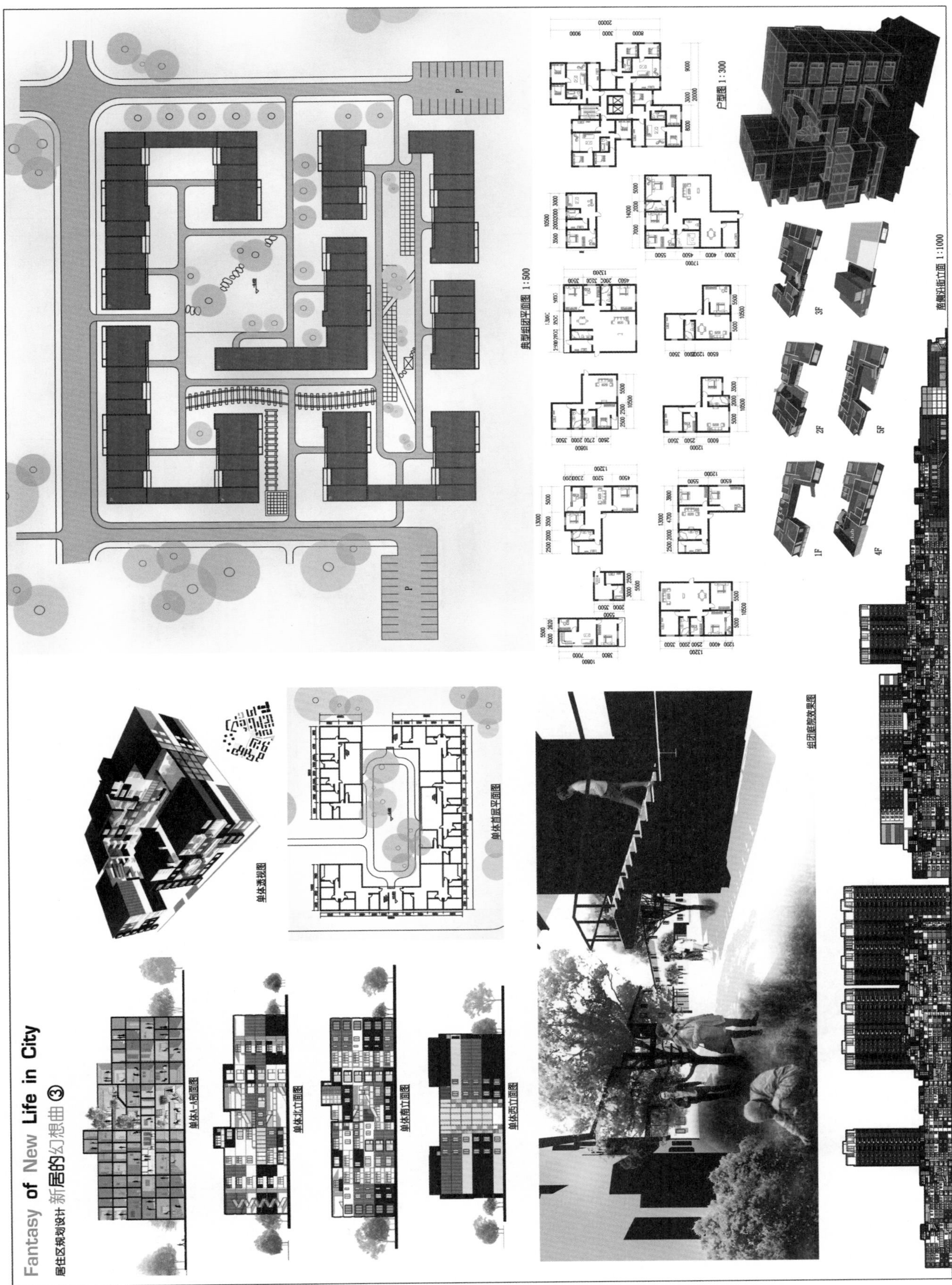
Fantasy of New Life in City
居住区规划设计 新居的幻想曲③
单体A-A剖面图
单体北立面图
单体南立面图
单体西立面图
单体透视图
单体首层平面图
组团庭院效果图
典型组团平面图 1:500
户型图 1:300
南侧沿街立面 1:1000
1F
2F
3F
4F
5F

[天府生活]
[场地基本信息]
区位
四川省
成都市
双流县
场地
交通
居住区方案分析
[居住区绿化设计]
01
[场地周边基本情况分析]
周边用地性质分析
住宅用地
办公用地
教育用地
仓库、厂房
绿地
场地南面是一所大学，再远处为航空港物流园区，仓库厂房居多；西面不远处是双流国际机场及周边服务设施，东面则是大片的居住区。设计必须考虑周边环境及周边人群对场地内部所造成的影响。
周边建筑高度分析
<15m
15m~30m
30m~40m
>45m
西面为双流国际机场，因而多为机场服务设施，建筑高度都在30m以下，南面为物流中心，仓库厂房居多，高度也不超过30m，东面基本为居住区，层数在15~18层。在进行景观设计时应考虑到场地周边及内部建筑高度对整个场地空间感受造成的影响。
周边噪声干扰分析
机场噪声
学校噪声
道路噪声
场地周边噪音主要有三个来源：机场、学校、道路。其中北向机场路的噪声最为严重，设计过程中因采取适当的隔离措施，尽量减弱噪音对场地内部的影响。
1 号点为场地上方，机场高速的高架桥
2 号点为基地右上处的下穿隧道
3 号点为下穿隧道出口处的街景
[方案生成]
灵感来源
概念生成
方案概念
方案定位
地域特色
人文自然
成都文化
山
水
林
田
休闲文化
饮食文化
院坝文化
竹文化
结合
景观概念分区
山林
野趣
四季
花境
细部绿地
设计说明
本次设计的基地在成都市双流区国际机场旁，这里可谓是成都的门户，因此本次设计以成都文化、成都生活为主题，人文自然为原则，使居民在接触大自然的同时能够体验到原汁原味的成都生活、成都文化、成都历史。
在设计时将人文自然和成都文化生活两个主题进行分别设计与叠加融合，人文自然主题主定位，文化生活主题主细节，前者为面后者为点，同个区域有多重功能。
在设计人文自然时，关注居民对自然的感受，希望居民能够在小区内体验到丰富的自然；在设计文化生活时，关注的是如何能够将原汁原味的成都生活、地地道道的成都文化和大家共同的成都记忆融入到整个场地设计中去，使这个小区真正成为一个生活区，而不仅仅是一个居住区。
景观节点意向
[方案系统分析]
道路系统分析图：
景观结构分析图：
空间结构分析图：
动静分区图：
公共设施分布图：
季相分析图：

规划总用地面积（m²）	240000	居住总人数（人）	15972
总建筑面积（m²）	400114	容积率	1.67
住宅建筑面积（m²）	375088	建筑密度	13.82%
公建建筑面积（m²）	25026	绿化率	66.90%
总户数（户）	4840	地面停车位（个）	72

[天府生活]

[专项设计]

铺装设计

入口处设计了具有引导性的条带状间隔铺装，因为入口处是花带，因此铺装色彩以灰色调为主，条状间隔之间使用碎拼式自然铺装，给人一种在自然中漫步的感觉。

因广场处在整个场地中心位置，因此在普通防滑砖铺砌的地面上用红色铺成条状间隔，丰富整个场地的色彩，使其变得活泼起来。因为广场临水，临水边缘采用了木质铺装，增加亲水性。

整个场地是以川西地区的院坝为原型设计的，因此尽量让整个铺装接近院子的感觉，整个“院坝”以植草砖为基调，拼贴一些较为乡土的铺装材料，以增加亲近感。

儿童活动区的整体铺装采用的是彩色塑胶铺地，绘成各种卡通图案使场地充满童趣，同时放置了一些有起伏的自然草皮和供儿童玩耍的彩色沙坑。

商业广场以带有灯带的普通方砖为基础铺装，与青砖、红砖进行组合，丰富广场的纹理和色彩，创造出具有活力的广场空间。

植物设计

[居住区绿化设计]

03

鸟瞰图

分区详图：1∶500

A-A 剖面图：1∶500

B-B 剖面图：1∶500

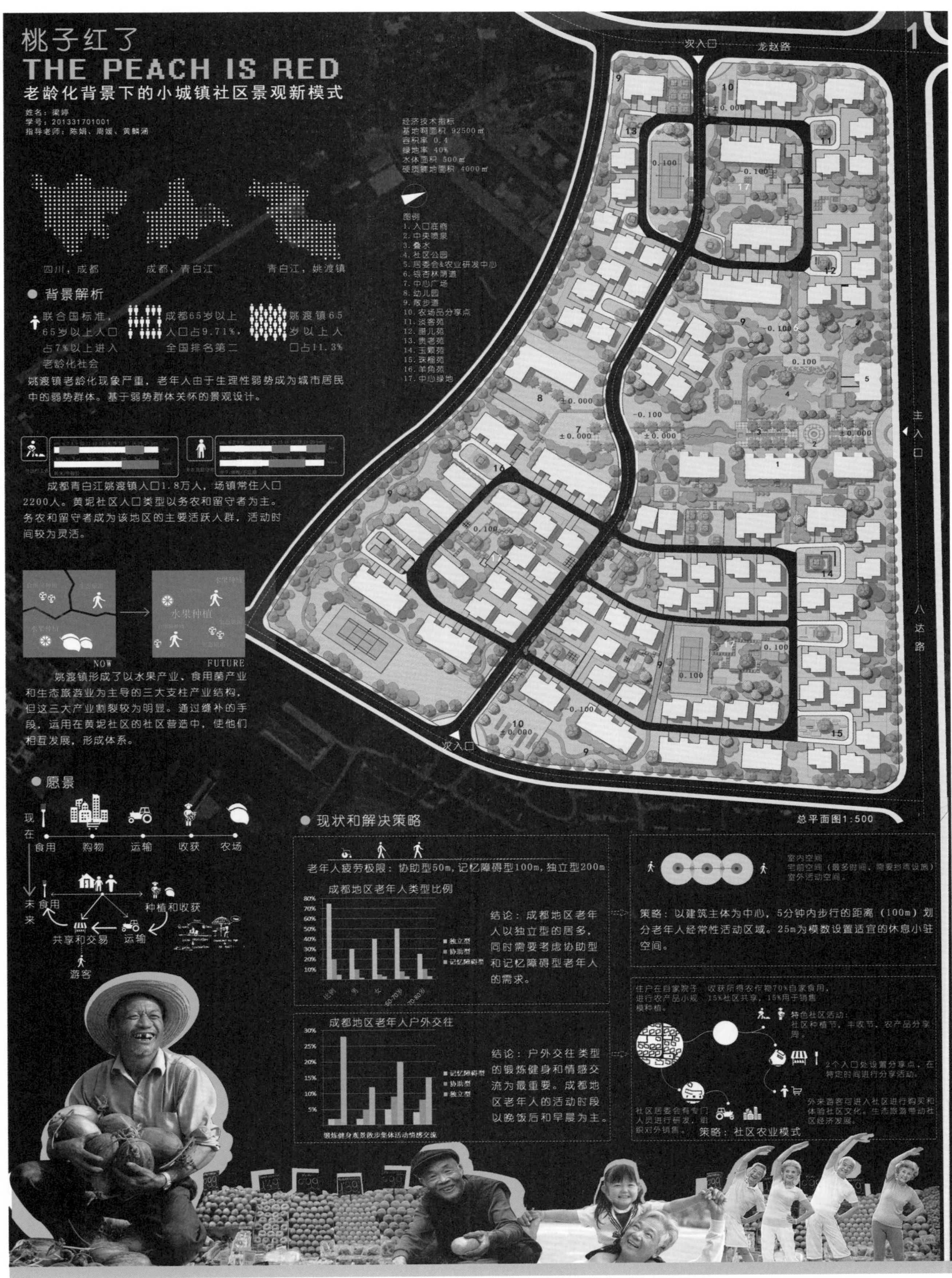

桃子红了
THE PEACH IS RED
老龄化背景下的小城镇社区景观新模式
姓名：梁婷
学号：201331701001
指导老师：陈娟、周媛、黄麟涵
经济技术指标
基地用面积 92500㎡
容积率 0.4
绿地率 40%
水体面积 500㎡
硬质铺地面积 4000㎡
图例
1. 入口庭廊
2. 中央喷泉
3. 叠水
4. 社区公园
5. 居委会&农业研发中心
6. 银杏林荫道
7. 中心广场
8. 幼儿园
9. 散步道
10. 农场品分享点
11. 淡客苑
12. 腊儿苑
13. 贵老苑
14. 玉颗苑
15. 珠榴苑
16. 羊角苑
17. 中心绿地
四川，成都
成都，青白江
青白江，姚渡镇
背景解析
联合国标准，65岁以上人口占7%以上进入老龄化社会
成都65岁以上人口占9.71%，全国排名第二
姚渡镇65岁以上人口占11.3%
姚渡镇老龄化现象严重，老年人由于生理性弱势成为城市居民中的弱势群体。基于弱势群体关怀的景观设计。
成都青白江姚渡镇人口1.8万人，场镇常住人口2200人。黄坭社区人口类型以务农和留守者为主。务农和留守者成为该地区的主要活跃人群，活动时间较为灵活。
水果种植
NOW
FUTURE
姚渡镇形成了以水果产业、食用菌产业和生态旅游业为主导的三大支柱产业结构，但这三大产业割裂较为明显。通过缝补的手段，运用在黄坭社区的社区营造中，使他们相互发展，形成体系。
愿景
现在
食用
购物
运输
收获
农场
未来
食用
种植和收获
共享和交易
运输
游客
次入口
龙赵路
主入口
八达路
总平面图1:500
现状和解决策略
老年人疲劳极限：协助型50m，记忆障碍型100m，独立型200m
成都地区老年人类型比例
结论：成都地区老年人以独立型的居多，同时需要考虑协助型和记忆障碍型老年人的需求。
成都地区老年人户外交往
结论：户外交往类型的锻炼健身和情感交流为最重要。成都地区老年人的活动时段以晚饭后和早晨为主。
室内空间
宅前空间（最多时间，需要扶靠设施）
室外活动空间
策略：以建筑主体为中心，5分钟内步行的距离（100m）划分老年人经常性活动区域。25m为模数设置适宜的休息小驻空间。
策略：社区农业模式

3
桃子红了
THE PEACH IS RED
老龄化背景下的小城镇社区景观新模式
效果图
A 黄坭社区人行主入口透视图
B 社区公园人工湖透视图
宅间绿地透视图
D 组团中心绿地透视图
立面图&剖面图
A-A剖面图1:1000
B-B剖面图1:1000
南临街立面图1:1000
小品专题
小品一透视图
人脸墙：墙上有许多小洞，可以透过小洞看到墙对面的人，非常具有趣味性，满足老年人的社交需求
小品二透视图
WIFI柱，信息景观，可以在室外获取及时的资讯，实现自我价值
小品三透视图
交互座椅，促进老年人间的交流
植物意向选择
桃
李
石榴
柑
梨
琵琶
蔷薇
醉鱼草
玉簪
蔓长春
千蕨菜
月季

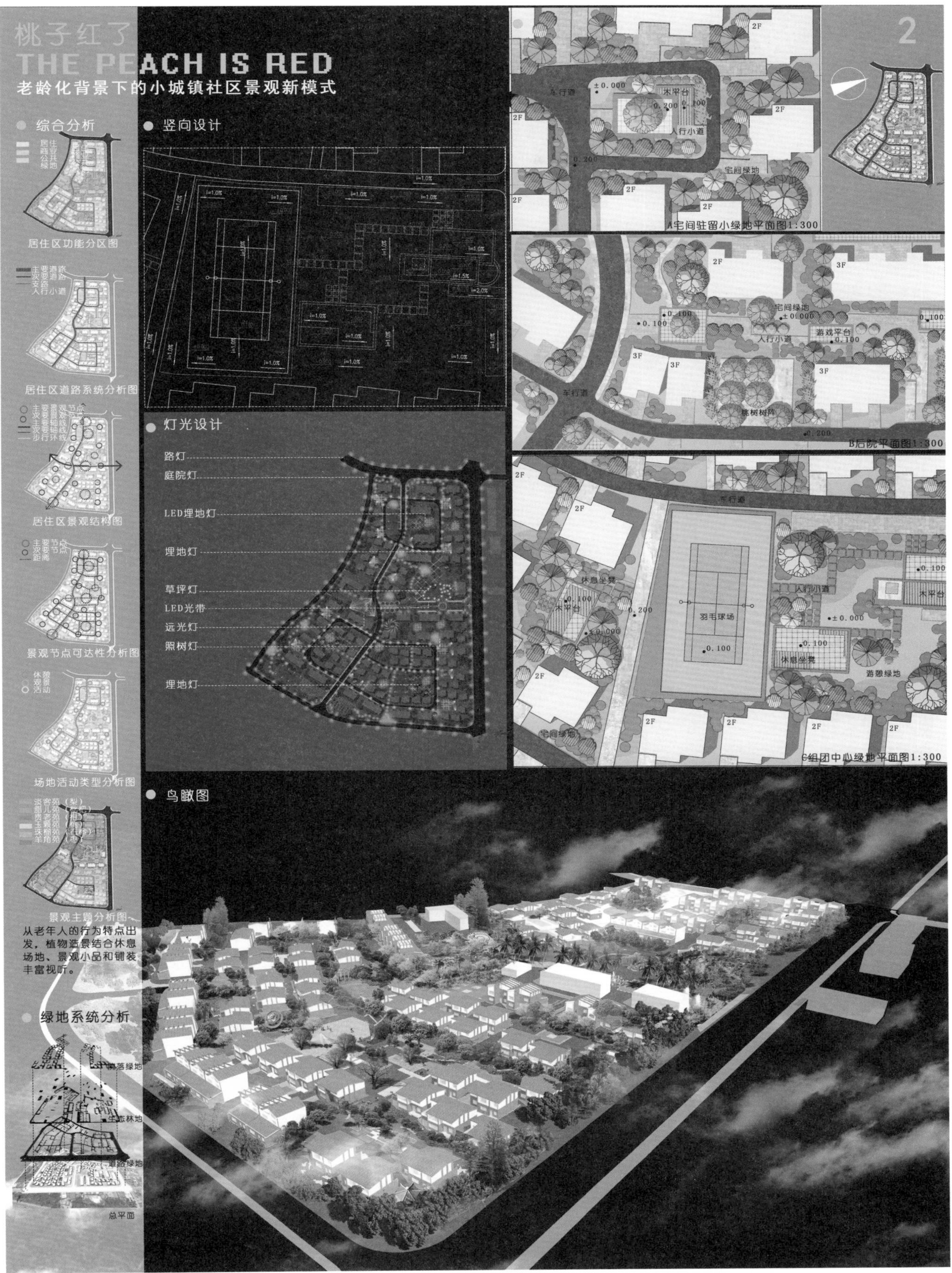

桃子红了
THE PEACH IS RED
老龄化背景下的小城镇社区景观新模式
2
综合分析
居住区功能分区图
居住区道路系统分析图
居住区景观结构图
景观节点可达性分析图
场地活动类型分析图
景观主题分析图
从老年人的行为特点出发，植物造景结合休息场地、景观小品和铺装丰富视听。
绿地系统分析
总平面
竖向设计
灯光设计
路灯
庭院灯
LED埋地灯
埋地灯
草坪灯
LED光带
远光灯
照树灯
埋地灯
A宅间驻留小绿地平面图1:300
B后院平面图1:300
C组团中心绿地平面图1:300
车行道
人行小道
宅间绿地
木平台
游戏平台
桃树树阵
羽毛球场
休息坐凳
鸟瞰图

栊庭渔米乡
特色文化 休闲体验
黄坭坝居住区景观规划设计(一)
区位分析
四川省
成都市
姚渡镇于青白江区区位图
黄坭村于姚渡镇区位图
基地
姚渡镇 坐落在青白江区东南部，面积23.49 km²。距成都城区35 km，距青白江区政府10km，据成都市三环路仅半小时车程。
黄坭村 位于姚渡镇北侧，地理位置优越，具有良好的经济发展潜力。
基地 位于图中姚渡镇区东南角，东邻永和村，北侧紧靠热闹的镇中商业区，南侧为开阔的田根，地理位置十分适合建设新农村型社区。
总平面图
1.入口广场
2.中心广场入口
3.景观小品
4.中心广场
5游憩绿地
6.社区活动中心
7.幼儿园
8.入口广场
9.野营区
10.零露区
11.小游园
12.清风区
13.方场
14.南亩区
15景观绿道
人行出入口
车行出入口
社区活动中心
中心广场
幼儿园
总平面图 1：800
设计理念
超越庭院
BEYOND THE COURTYARD
ONE 恢复传统村落的原真性与多样化的场所感
TWO 打破传统式单调无聊的庭院束缚，创造亲近邻里的公共空间
THREE 迎合庭院式布局，创造不同主题空间庭院，利用规则图形营造景观节奏感
节约用地
邻里空间
庭院空间
原有模式
改造模式
狭小空间
空间拆解
围合绿地
通达性增强
经济技术指标
基地总面积：9.5hm²
总户数：150户
建筑总面积：24000m²
公建总面积：3000m²
水体面积：600m²
建筑密度：17%
绿地率：30%道路密度：20%
广场密度：23%宅院密度：10%
容积率：0.25
露天停车位：100个
基地周边分析
周边用地性质
周边交通
基地靠近厂镇中心区，生活便利，道路纵横，交通也比较发达。西南侧拥有大片农田，视野开阔，景色宜人。
调研分析
"空心化"的村庄和单一的居民年龄结构，导致乡村的破败荒凉，而现在有的单一宅基地划分原则，催生了大量兵营般的农居点。
入口比例
老人：孤独、庭院生活
小孩：缺少照顾、街巷生活
在现今农村，老人和孩子占比重较大，且老人孤独、喜欢在阳光好、开敞的空间集聚。小孩缺少大人照顾、喜欢在较狭长的空间穿行，在开敞且地形较丰富的区域活动。
空间设计
场所场景
空间元素
构成原则
组织意向
庭院
尺度
私密
景观
街巷
宽度
公共
侧面
城市景观
植物
小品
墙面
通过改变庭院和地面的标高来扩大景观面积，塑造雅派建筑空间体验感
立面图1：500
Page1

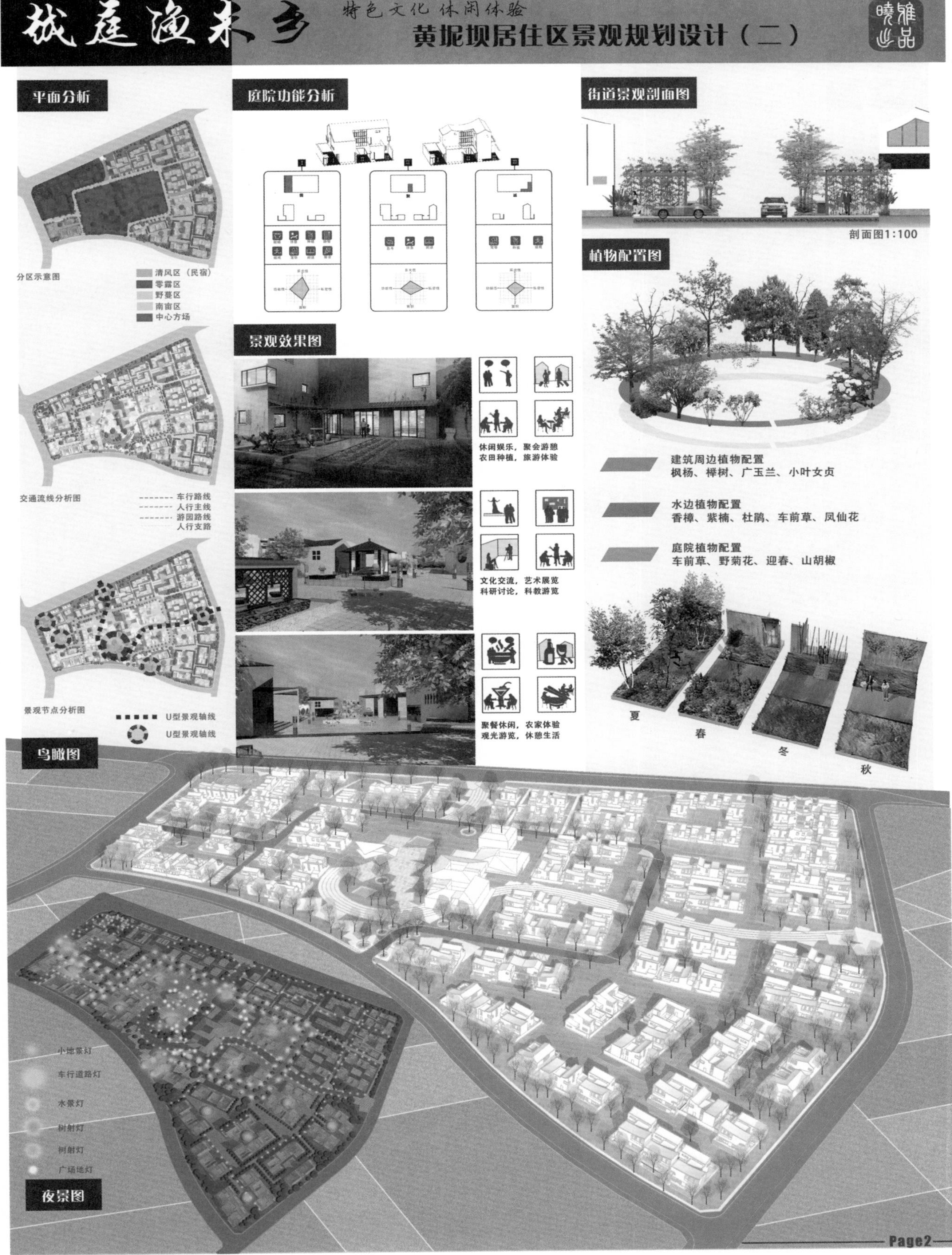

栊庭渔米乡
特色文化 休闲体验
黄坭坝居住区景观规划设计（二）
平面分析
分区示意图
清风区（民宿）
零露区
野蔓区
南亩区
中心方场
交通流线分析图
车行路线
人行主线
游园路线
人行支路
景观节点分析图
U型景观轴线
U型景观轴线
庭院功能分析
景观效果图
休闲娱乐，聚会游憩
农田种植，旅游体验
文化交流，艺术展览
科研讨论，科教游览
聚餐休闲，农家体验
观光游览，休憩生活
街道景观剖面图
剖面图1:100
植物配置图
建筑周边植物配置
枫杨、榉树、广玉兰、小叶女贞
水边植物配置
香樟、紫楠、杜鹃、车前草、凤仙花
庭院植物配置
车前草、野菊花、迎春、山胡椒
夏
春
冬
秋
鸟瞰图
小地景灯
车行道路灯
水景灯
树射灯
树射灯
广场地灯
夜景图
Page2

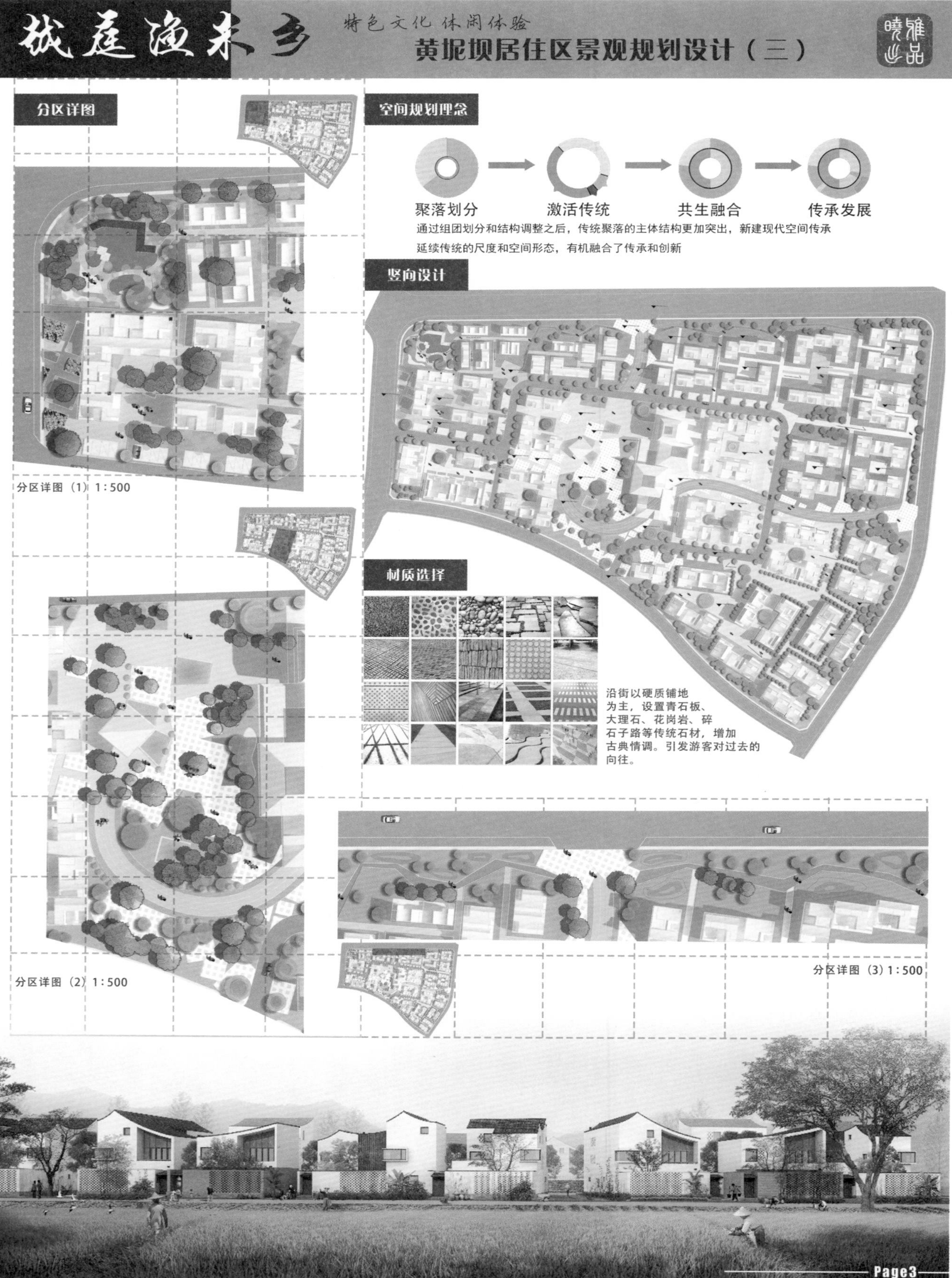

栊莛渔米乡
特色文化 休闲体验
黄坭坝居住区景观规划设计（三）
分区详图
分区详图（1） 1:500
分区详图（2） 1:500
分区详图（3） 1:500
空间规划理念
聚落划分
激活传统
共生融合
传承发展
通过组团划分和结构调整之后，传统聚落的主体结构更加突出，新建现代空间传承
延续传统的尺度和空间形态，有机融合了传承和创新
竖向设计
材质选择
沿街以硬质铺地
为主，设置青石板、
大理石、花岗岩、碎
石子路等传统石材，增加
古典情调。引发游客对过去的
向往。
Page3

04

滨水景观设计

WATERFRONT LANDSCAPE DESIGN

城市滨水景观设计课程探讨

西南民族大学城市规划与建筑学院 周媛

摘要：本文在分析城市滨水景观设计课程特点的基础上，提出基于滨水景观设计的原理、方法、步骤以及设计内容等理论教学内容。以成都市青白江区姚渡镇毗河沿线滨水景观设计为例，具体阐述滨水景观设计原则、设计目标、前期调研分析、设计理念的确定、方案设计等方面的实践教学内容。

关键词：滨水景观设计 理论教学 设计实践教学 毗河

1. 滨水景观设计的课程特点

“滨水景观设计”是西南民族大学风景园林专业的核心课程，也是风景园林的专业必修课程。本课程结合专业培养的需求，在教学计划与教学大纲的基础上，形成具有地域文化特色的滨水景观设计基本理论与设计方法，并在滨水景观设计实践中不断创新和突破。在课程理论教学和实践教学中，立足于规划学科的优势，整合区域资源优势；借助生态学的原理，倡导景观生态保护与生态修复技术；借助3S及相关的空间分析技术，实现景观空间设计的三维化及动态化；立足景观设计学科特点，强调场地精神与地域文化景观的营建；依托国内外大学生设计竞赛平台，强化学生实践能力的培养。因此，本门课程在教学过程中立足于学科发展的前沿，把握学科发展的最新动态，加强与其他相关学科之间的协作关系，不断倡导新的设计理念、引进新技术、探索新方法，拓展学生的创新思维和创新精神，以提高学生的综合素质能力。

2. “滨水景观设计”的课程设计

2.1 理论教学方面

在滨水景观设计课程中，重点突出设计教学环节，以提高学生的综合设计能力。本课程的理论课不局限于滨水景观的场地概念及详细设计，而是立足于城市规划学科的特点，凸显景观学科的特色，从宏观到微观对城市滨水区景观的设计理论进行递进式的阐述，以增强学生对不同尺度景观规划设计的把控能力。

在理论课程的教学环节，首先对城市滨水区景观的相关概念、滨水区景观设计三元论进行简要讲解；其次，以项目实践为目的，从宏观层面（发展规划）到中观层面（总体规划）再到微观层面（详细设计）三个层面出发，对不同尺度下的城市滨水区的规划方法步骤、评价内容及方法、规划设计内容及相关的经济技术指标等进行阐述。再次，重点讲解滨水景观的具体设计步骤及设计内容。包括明确设计目标、设计重点，制定滨水场地现场调研分析的重点，细化景观设计流程，对既往研究及相关设计案例的收集分析，进行场地分析与评估，制定滨水空间规划与设计的基本思路，提出设计概念、确定立意、明确构思、深化场地概念设计以及详细设计（完成包括总平面图、景观结构、功能分区、交通流线、竖向设计、植物设计、分区设计，驳岸、铺装、景观小品等专题设计的相关内容）。根据滨水景观空间设计的特点，规划亲水活动设计，提出规划和设计细则，从亲水活动的角度考虑设施的配置，如亲水栈道、散步道、座椅、自行车道、休息廊亭等，并兼顾区域整体需求可设置停车场、安全疏散广场、商业设施等。同时，根据特殊滨水空间的生态特征，例如候鸟迁徙的栖息地、珍稀动植物生活场地等设置相关观察、研究设施。根据城市水文特点，分段分层次的设计具有活力的滨水驳岸空间。最后，根据生态设计的理念，重点讲解生态化在滨水景观空间设计中的实现要点。

2.2 设计实践教学方面

2.2.1 设计题目的选择

在实践教学阶段，设计题目的选择是本门课程中很重要的一环，题目选择注重场地与周边环境的密切联系，应该涉及对周边绿地、周边建筑、道路及其他基础设施、城市生态环境等方面的综合思考。如在此次设计中，我们选择了成都市青白江区姚渡镇毗河沿线滨水景观作为设计基地。该场地主要存在以下问题：①河道自然形态破坏严重。毗河南岸是姚渡场镇所在地，每年雨季的抗洪防汛压力大。姚渡镇政府逐年对河道进行修整加固，河道被截弯取直，河岸硬化比例逐渐增加，河道蜿蜒曲折多变的自然形态消失，河岸缓冲带植被减少，造成湿地生物多样性降低，生态失衡；②河流水污染现象普遍。目前姚渡场镇排水设施较为落后，部分沿河的农家和居民区生活污水未经处理直接排入毗河。而且沿岸农业生产管理较为粗放，农业面源污染控制效果不佳，化肥和农药残留随着灌溉水流入毗河，造成水体溶解氧下降，自净能力减弱。③沿岸场镇区建筑风貌杂乱无章，各片区景观建筑不协调，新旧建筑风格不统一，居民区自住房屋违章加层现象普遍。场镇道路未形成系统，断头路较多，道路绿化率低，没有形成绿化网络和系统，城镇整体风貌瞻观效果差。为改善毗河沿岸景观，塑造姚渡镇新形象，需对毗河沿岸滨河景观进行规划设计。该场地的设计需要考察学生对周边环境的综合分析能力以及交叉学科知识的理解、应用能力。

2.2.2 规划设计原则

（1）自然生态及多样性原则

遵循水的自然运行规律，模拟自然水系的自然生态群落结构，以绿化及植物造景为主体，营造自然的、富有生趣的滨水景观，构建丰富多样的生态环境。

（2）延续性原则

保持滨水空间与规划区域总体空间结构的联结，强化水系与城市绿地景观系统、城市建筑之间的有机联系；通过对人文景观和空间环境的营造，延续当地的历史文脉。

（3）亲水性原则

充分凸显水的可亲近性，积极营造可亲近的滨水空间，体现人文关怀，尽可能做到“可见”“可近”“可触”，促进人与自然的融合，营造良好的滨水空间。

（4）可持续发展的原则

重视水环境综合整治，处理好当前和将来长远发展的关系，统筹兼顾、综合协调，以实现对水系资源的综合开发利用，为城市可持续发展打下良好的基础。

（5）效益最大化的原则

充分利用交通区位、环境资源和教育资源优势，通过用地的合理布局，实现土地收益的最大化。

2.2.3 规划设计目标

打造滨河新景观，体现姚渡镇新形象，将沿河场镇开发，传统文化保护与滨河生态保护及可持续发展有机融合，做到经济、社会、文化和生态四大效益的统一。

2.2.4 规划设计任务

本此设计的主要任务包括：

① 规划要对区域内功能分区、景观建筑空间布置、交通组织等统筹安排、合理布局；对整体布局、重要节点及各主要景观建筑做出效果示意图。

② 解决好有关方面的衔接：充分把握拟规划区域在整个姚渡镇中的地位和作用，处理好滨河区和整个姚渡镇及其场镇建成区之间的相互关系；与姚渡镇历史文化、地方民俗、风土人情的融合；坚持科学发展、持续发展、以人为本的理念。景观设计应达到宜游的目的，成为群众休闲、娱乐的好去处。

③ 考虑远期与近期实施的关系：规划区域的开发应具有一定的策略性，要结合用地的现状进行分期建设，规划

设计和布局也应有一定的灵活性，使规划区域能根据周边地区开发和环境变化，以及未来社会经济文化的发展变化不断做出调整的可能性，从而保持其吸引力和生命力。

④ 综合运用所学知识与技能开展更为深入的景观规划设计工作；能对所学知识与技能进行自主性的适当拓展，能对规划对象进行综合分析与研究；能够做到思路与逻辑关系较清晰，有一定的系统性与科学性；图纸表达美观清晰，文字表达层次分明、语句通顺，论证说明有力。

2.2.5 前期调研分析

首先，为了学生能更好地进行滨水景观的设计，在前期调研分析阶段，指导学生以小组为单位，通过收集国内外经典的滨水景观案例及最新研究成果，从生态学、设计学、环境行为学、美学等各个方面加以分析整理，找出符合现状设计条件的依据。收集整理相关滨水空间的细节设计，诸如驳岸、滨水道路铺装、植栽方式、公共艺术处理、环境色彩搭配等，开拓设计思路，找到快捷有效的设计路径。同时选择成都市及周边城市优秀的滨水景观设计案例进行现状调研分析，通过抄绘滨水景观方案，制作滨水景观调研文本，PPT方案汇报，熟悉滨水景观的设计步骤及设计内容，为下一步的设计实践奠定基础。

其次，综合利用滨水景观场地的现场踏勘、访谈、问卷调查等方法完成场地的调研工作，调研内容主要围绕着基础资料、自然环境要素、社会经济与人文条件以及使用人群行为分析四个方面展开。基础资料包括场地的地形图、土地利用图、交通规划图、地方政策法规、各项上位规划图及其相关的图纸资料。场地的环境要素主要包括周边的自然景观、自然环境（气候、气温、降水量、主导风向、日照情况、地形情况以及水文条件如洪水位等）、人工构筑环境、周边交通状况、周边公共服务设施等内容。社会经济与人文条件主要包括历史与文化特点。人口、行政区划、经济社会等资料。使用人群的行为分析包括使用者及潜在使用者的年龄、性别、职业、家庭状况、消费水平、使用距离（居住地远近以及由此带来的交通问题的解决）、场地吸引点、活动类型、场地利用的时间（季节性、平均滞留实践、人流高峰出现时间）使用频率、使用理由和满意度等内容。

通过对调研结果的分析整理，利用图示法找出场地的主要景观特征，发掘滨水景观的魅力和空间环境的显在价值、潜在价值。同时，利用GIS空间分析技术，对场地的生态敏感性、建设适宜性、水文状况、三维地形、空间视线关系进行深入剖析，从而有效地评估场地的优劣势，以提出改善场地环境的措施及方法。

2.2.6 设计概念的确定

在景观设计中，设计概念就是整个设计的灵魂，也是各个阶段设计的依据与目标，构思是设计概念的具体实现。设计概念的确定需要学生在充分解读场地环境的基础上，对场地问题所产生的诸多感性思维进行归纳与精炼，即感性思维与理性逻辑思考相结合，对设计中的各个环节进行逻辑构思，从而让整个设计过程具有完整的关联性。它也是学生能够实现从概念到形式设计的关键一步。根据明确的设计概念，学生在景观设计的原理和方法的基础上，把各个反映设计概念的景观要素布置在场地上，形成新的具象的景观空间群体。

在景观设计中，我们可以从不同方面进行设计概念的思考，包括对相似的景观设计项目的概念构思的模仿和创新，对原有场地精神的记忆，对自然形式的模仿和抽象，从生态技术层面解决场地问题的生态概念等。学生在设计中根据对场地解读方向的不同，从而寻找不同的概念构思。学生还需要对概念构思参照决策树的逻辑关系进行关联性分解，最终构建由多个分项组成的相互关联的逻辑结构概念示意图。同时学生用图式语言对各个分项内容进行抽象表达，将设计概念通过特定的结构图分项具体化到图纸上，以作为方案设计阶段的基本骨架或平面形式设计的线索。

2.2.7 方案设计内容

在方案设计阶段，首先进行概念

设计的表达，即利用泡泡结构图将设计概念的逻辑组织过程及表达设计概念的分项内容进行深化表达，包括概念空间结构的表达、概念功能结构的表达，而从概念到形式最重要的环节就是景观布局。概念是对景观规划设计的抽象化表达，布局则是对概念的具象表现，是概念转向空间的过渡，也是空间细化到景观元素的纲领。

完成景观设计的概念设计及功能分区、交通流线设计等相关分析图之后，对滨水空间的景观设计总平面进行不断的完善和修改。细化设计各个功能空间、深化安全和疏散应急设计、设计雕塑、小品、构筑物，提高环境艺术性，完善驳岸、铺装、植栽、材料工艺等细节设计。

针对姚渡镇毗河滨水景观设计，规划设计的内容包括：

（1）研究姚渡镇毗河沿岸景观带的区位、自然现状以及人文现状等概况，了解毗河的对该镇的经济、社会、生态和环境保护的价值，并进行景观规划定位；

（2）依据规划设计原则，以及研究区域现状分析，进行滨河景观规划总体构思；

（3）依据总体构思，确定滨河景观功能分区；

（4）进行景观要素（植被、水、建筑物、景观小品、铺装等）及配套设施的景观设计；

（5）完成相关图纸内容，包括区位分析图、现状综合分析图、景观规划设计总平面图、功能分区图、景观结构图、交通组织分析图、视线分析图、竖向设计图、公共服务设施规划图、防灾避险规划图、标识系统规划图、整体鸟瞰图（效果图）、景观照明示意图、分区详图，驳岸、景观小品、铺装、植物、基础服务设施等专项图，其他必要的表现图和效果图。

2.2.8 完善成果评图机制

在学生成果绘制完成之后，采用期末评图的机制对学生最终的设计成果予以打分。我们可以邀请不同专业领域的教师以及风景园林规划设计院的高级工程师，如规划设计、植物种植设计、景观建筑、景观工程、生态规划等领域的专家组成专业评图团，充分结合自己的专业特点，对学生的最终成果进行评议，从而为学生提供更为全面的指导意见，对学生理论知识及设计实践能力的提高都有较大的帮助。

结语

滨水景观设计是一门注重创造性思维能力的、动手实践能力要求较高的景观设计专业课程。针对滨水景观设计课程特点，在理论教学与设计实践教学过程中，既注重学生设计创造能力的培养，同时也注重学生对先进的设计理念、生态设计意识、生态技术措施在场地设计中的综合应用，以提高学生对多功能滨水景观设计的理解和把握。

参考文献

[1] 苏同向, 王浩. 南京林业大学园林规划设计课程教学改革探讨[J]. 安徽农业科学, 2014, 42(17) : 5720-5722.

[2] 王立科. 基于应用型人才培养的园林规划设计课程教学改革探讨[J]. 现代农业科技, 2015, (7):343, 347.

[3] 周捷, 杨钧月, 易芳馨. 城乡规划专业公园设计课教学改革初步实践与思考——以贵州大学城乡规划专业三年级教学实践为例[J]. 高等建筑教育, 2017, 26(5): 66-70.

[4] 康秀琴. 基于创新创业能力培养的园林规划设计课程教学改革研究[J]. 韶关学院学报, 2017, 38(5):98-101.

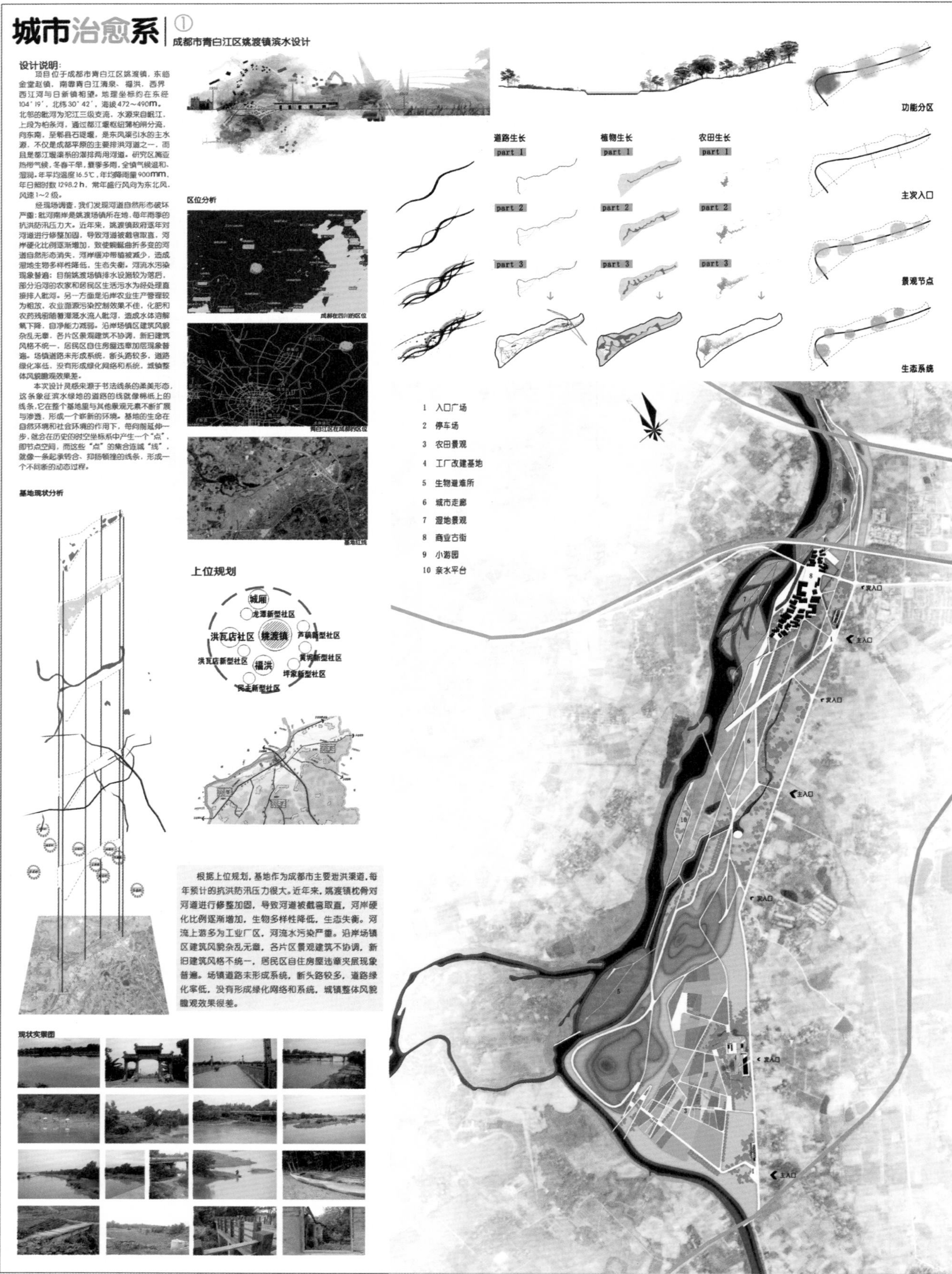
城市治愈系 ①
成都市青白江区姚渡镇滨水设计
设计说明：
项目位于成都市青白江区姚渡镇，东临金堂赵镇，南靠青白江清泉、福洪，西界西江河与日新镇相望。地理坐标约在东经104°19′，北纬30°42′，海拔472～490m。北邻的毗河为沱江三级支流，水源来自岷江，上段为柏条河，通过都江堰枢纽蒲柏闸分流，向东南，至郫县石堤堰，是东风渠引水的主水源，不仅是成都平原的主要排洪河道之一，而且是都江堰渠系的灌排两用河道。研究区属亚热带气候，冬春干旱，夏季多雨，全镇气候温和、湿润。年平均温度16.5℃，年均降雨量900mm，年日照时数1298.2h，常年盛行风向为东北风，风速1～2级。
经现场调查，我们发现河道自然形态破坏严重：毗河南岸是姚渡场镇所在地，每年雨季的抗洪防汛压力大。近年来，姚渡镇政府逐年对河道进行修整加固，导致河道被截弯取直，河岸硬化比例逐渐增加，致使蜿蜒曲折多变的河道自然形态消失，河岸缓冲带植被减少，造成湿地生物多样性降低，生态失衡。河流水污染现象普遍：目前姚渡场镇排水设施较为落后，部分沿河的农家和居民区生活污水为经处理直接排入毗河。另一方面是沿岸农业生产管理较为粗放，农业面源污染控制效果不佳，化肥和农药残留随着灌溉水流入毗河，造成水体溶解氧下降，自净能力减弱。沿岸场镇区建筑风貌杂乱无章，各片区景观建筑不协调，新旧建筑风格不统一，居民区自住房屋违章加层现象普遍。场镇道路未形成系统，断头路较多，道路绿化率低，没有形成绿化网络和系统，城镇整体风貌景观效果差。
本次设计灵感来源于书法线条的柔美形态，这条象征滨水绿地的道路的线就像棉纸上的线条，它在整个基地里与其他景观元素不断扩展与渗透，形成一个崭新的环境。基地的生命在自然环境和社会环境的作用下，每向前延伸一步，就会在历史的时空坐标系中产生一个"点"，即节点空间，而这些"点"的集合连城"线"，就像一条起承转合、抑扬顿挫的线条，形成一个不间断的动态过程。
区位分析
成都在四川的区位
青白江区在成都的区位
基地红线
基地现状分析
上位规划
城厢
龙潭新型社区
洪瓦店社区
姚渡镇
芦稿新型社区
黄埝新型社区
洪瓦店新型社区
福洪
坪家新型社区
民主新型社区
根据上位规划，基地作为成都市主要泄洪渠道，每年预计的抗洪防汛压力很大。近年来，姚渡镇枕骨对河道进行修整加固，导致河道被截弯取直，河岸硬化比例逐渐增加，生物多样性降低，生态失衡。河流上游多为工业厂区，河流水污染严重。沿岸场镇区建筑风貌杂乱无章，各片区景观建筑不协调，新旧建筑风格不统一，居民区自住房屋违章夹层现象普遍。场镇道路未形成系统，断头路较多，道路绿化率低，没有形成绿化网络和系统，城镇整体风貌景观效果很差。
现状实景图
道路生长
植物生长
农田生长
part 1
part 2
part 3
功能分区
主次入口
景观节点
生态系统
1 入口广场
2 停车场
3 农田景观
4 工厂改建基地
5 生物避难所
6 城市走廊
7 湿地景观
8 商业古街
9 小游园
10 亲水平台
主入口
次入口

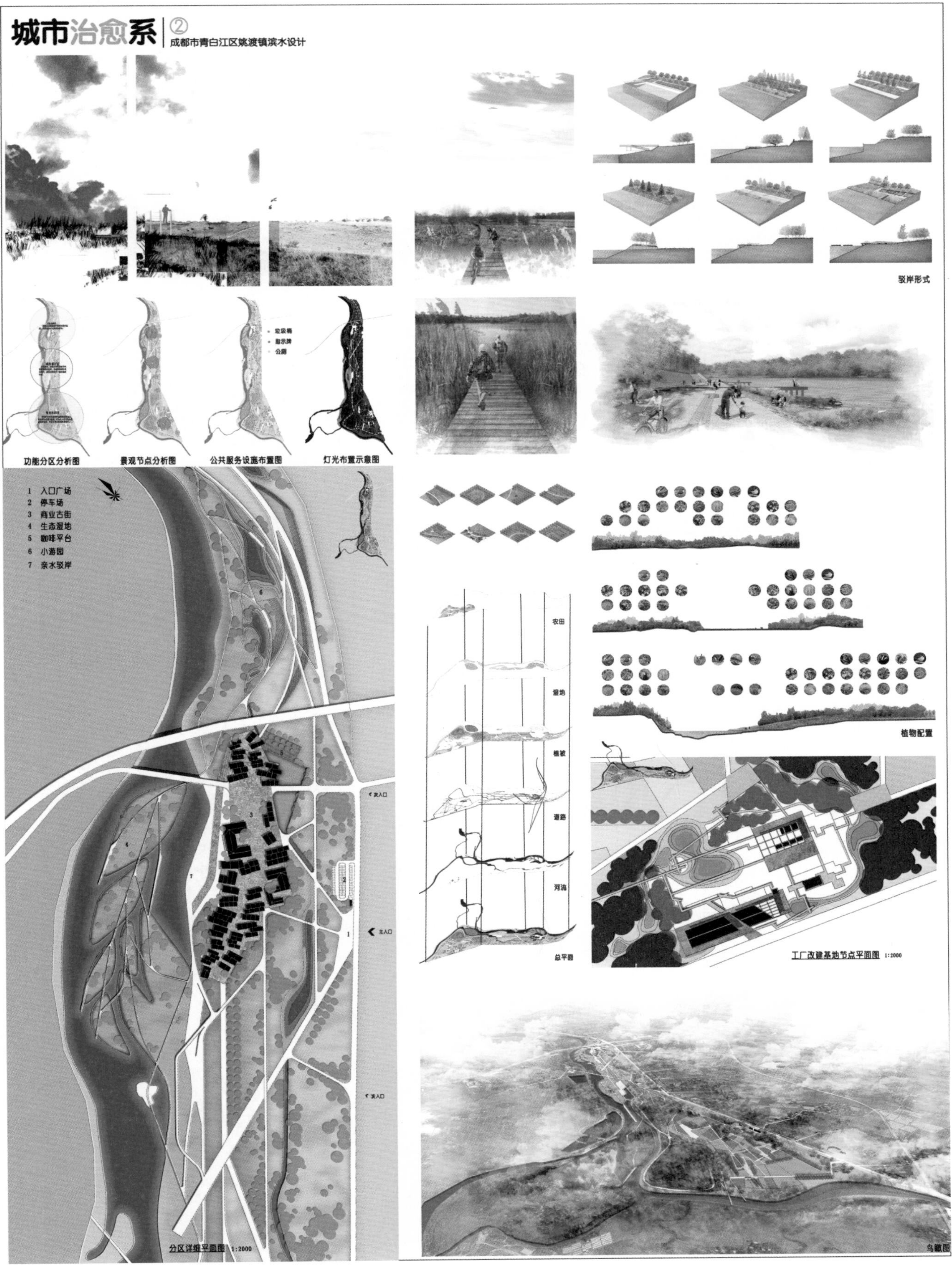

城市治愈系 ②
成都市青白江区姚渡镇滨水设计
驳岸形式
功能分区分析图
景观节点分析图
公共服务设施布置图
灯光布置示意图
1 入口广场
2 停车场
3 商业古街
4 生态湿地
5 咖啡平台
6 小游园
7 亲水驳岸
次入口
主入口
农田
湿地
植被
道路
河流
总平面图
植物配置
工厂改建基地节点平面图 1:2000
分区详细平面图 1:2000
鸟瞰图

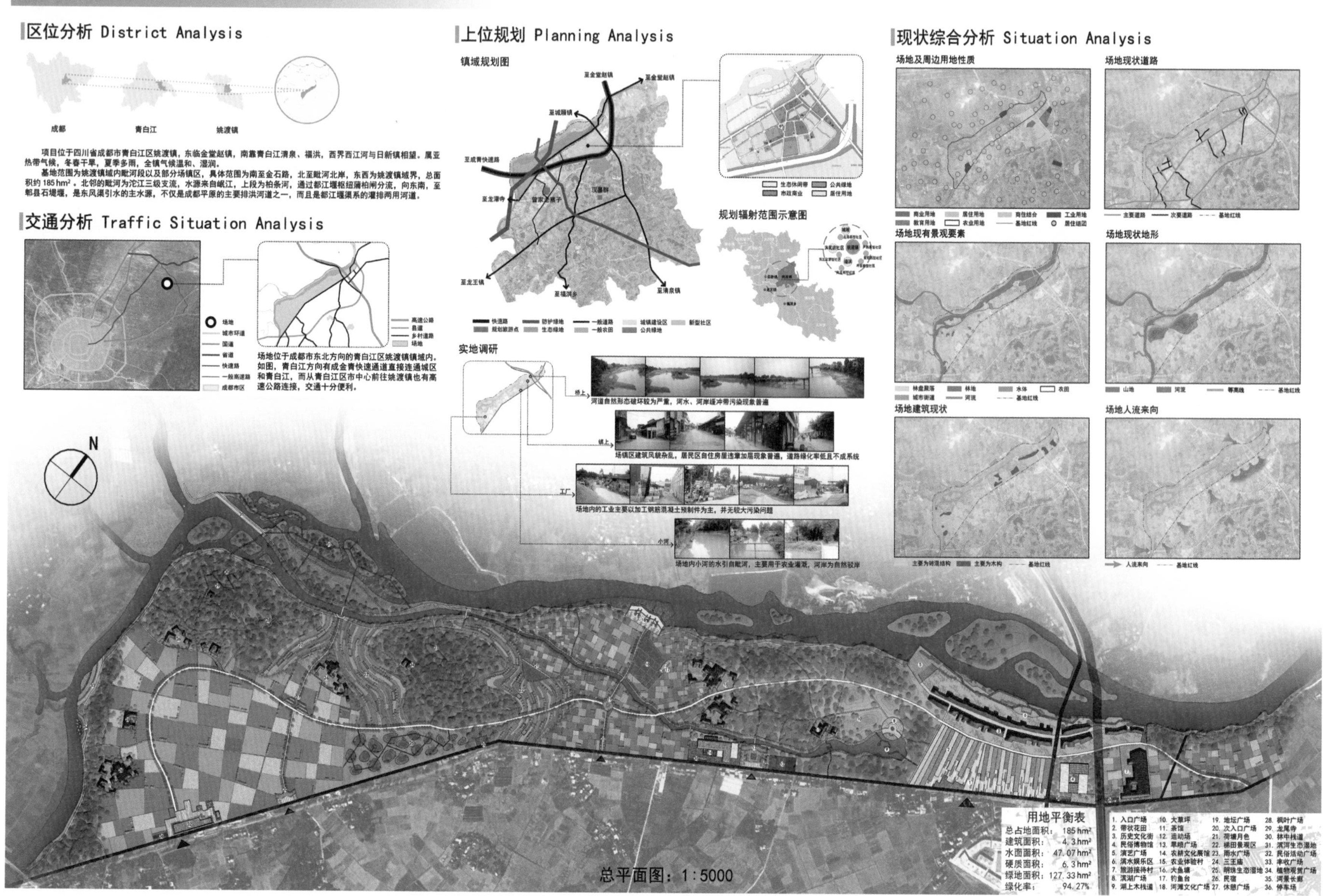

毗河记忆 · 滨水景观设计 1
区位分析 District Analysis
成都
青白江
姚渡镇
项目位于四川省成都市青白江区姚渡镇，东临金堂赵镇，南靠青白江清泉、福洪，西界西江河与日新镇相望。属亚热带气候，冬春干旱，夏季多雨，全镇气候温和、湿润。
基地范围为姚渡镇域内毗河段以及部分场镇区，具体范围为南至金石路，北至毗河北岸，东西为姚渡镇域界，总面积约 185 hm²。北邻的毗河为沱江三级支流，水源来自岷江，上段为柏条河，通过都江堰枢纽蒲柏闸分流，向东南，至郫县石堤堰，是东风渠引水的主水源，不仅是成都平原的主要排洪河道之一，而且是都江堰渠系的灌排两用河道。
交通分析 Traffic Situation Analysis
场地
城市环道
国道
省道
快速路
一般高速路
成都市区
高速公路
县道
乡村道路
场地
场地位于成都市东北方向的青白江区姚渡镇镇域内。如图，青白江方向有成金青快速通道直接连通城区和青白江，而从青白江区市中心前往姚渡镇也有高速公路连接，交通十分便利。
上位规划 Planning Analysis
镇域规划图
规划辐射范围示意图
实地调研
桥上
河道自然形态破坏较为严重，河水、河岸缓冲带污染现象普遍
镇上
场镇区建筑风貌杂乱，居民区自住房屋违章加层现象普遍，道路绿化率低且不成系统
工厂
场地内的工业主要以加工钢筋混凝土预制件为主，并无较大污染问题
小河
场地内小河的水引自毗河，主要用于农业灌溉，河岸为自然驳岸
现状综合分析 Situation Analysis
场地及周边用地性质
场地现状道路
场地现有景观要素
场地现状地形
场地建筑现状
场地人流来向
N
用地平衡表
总占地面积：185 hm²
建筑面积：4.3 hm²
水面面积：47.07 hm²
硬质面积：6.3 hm²
绿地面积：127.33 hm²
绿化率：94.27%
1. 入口广场
2. 带状花田
3. 历史文化街
4. 民俗博物馆
5. 演艺广场
6. 滨水娱乐区
7. 旅游接待村
8. 滨湖广场
9. 湖上木栈道
10. 大草坪
11. 茶馆
12. 运动场
13. 旱喷广场
14. 农耕文化展馆
15. 农业体验村
16. 大鱼塘
17. 钓鱼台
18. 河滩文化广场
19. 地坛广场
20. 次入口广场
21. 荷塘月色
22. 梯田景观区
23. 雨水广场
24. 三王庙
25. 明珠生态湿地
26. 民宿
27. 休憩广场
28. 枫叶广场
29. 龙尾寺
30. 林中栈道
31. 滨河生态湿地
32. 民俗活动广场
33. 丰收广场
34. 植物观赏广场
35. 河景长廊
36. 停车场
总平面图：1:5000

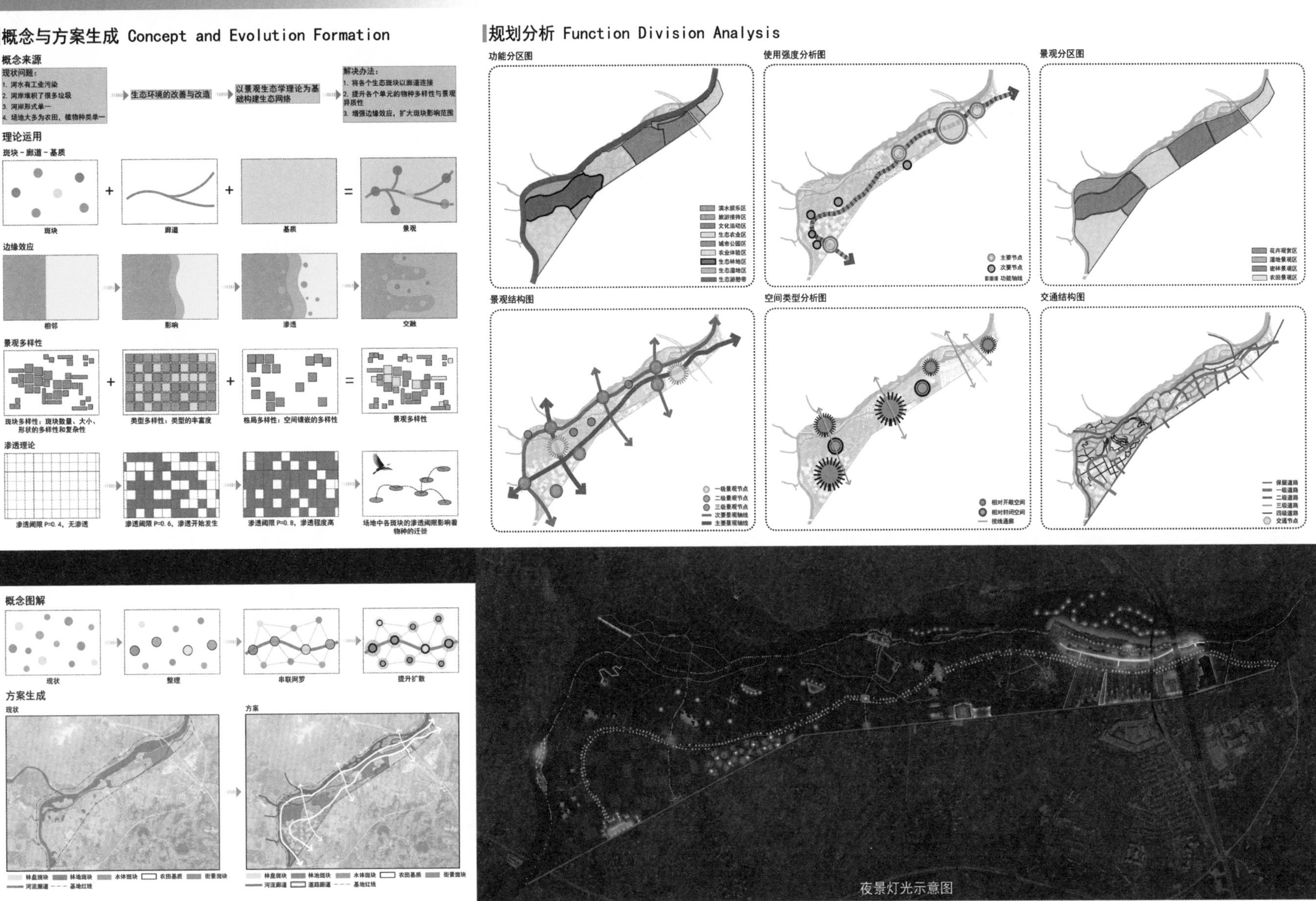
毗河记忆·滨水景观设计 2
概念与方案生成 Concept and Evolution Formation
概念来源
现状问题：
1. 河水有工业污染
2. 河岸堆积了很多垃圾
3. 河岸形式单一
4. 场地大多为农田，植物种类单一
生态环境的改善与改造
以景观生态学理论为基础构建生态网络
解决办法：
1. 将各个生态斑块以廊道连接
2. 提升各个单元的物种多样性与景观异质性
3. 增强边缘效应，扩大斑块影响范围
理论运用
斑块 - 廊道 - 基质
斑块
廊道
基质
景观
边缘效应
相邻
影响
渗透
交融
景观多样性
斑块多样性：斑块数量、大小、形状的多样性和复杂性
类型多样性：类型的丰富度
格局多样性：空间镶嵌的多样性
景观多样性
渗透理论
渗透阈限 P=0.4，无渗透
渗透阈限 P=0.6，渗透开始发生
渗透阈限 P=0.8，渗透程度高
场地中各斑块的渗透阈限影响着物种的迁徙
规划分析 Function Division Analysis
功能分区图
滨水娱乐区
旅游接待区
文化活动区
生态农业区
城市公园区
农业体验区
生态林地区
生态湿地区
生态游憩带
使用强度分析图
主要节点
次要节点
功能轴线
景观分区图
花卉观赏区
湿地景观区
密林景观区
农田景观区
景观结构图
一级景观节点
二级景观节点
三级景观节点
次要景观轴线
主要景观轴线
空间类型分析图
相对开敞空间
相对封闭空间
视线通廊
交通结构图
保留道路
一级道路
二级道路
三级道路
四级道路
交通节点
概念图解
现状
整理
串联网罗
提升扩散
方案生成
现状
方案
林盘斑块
林地斑块
水体斑块
农田基质
街景斑块
河流廊道
道路廊道
基地红线
夜景灯光示意图

毗河记忆·滨水景观设计 3

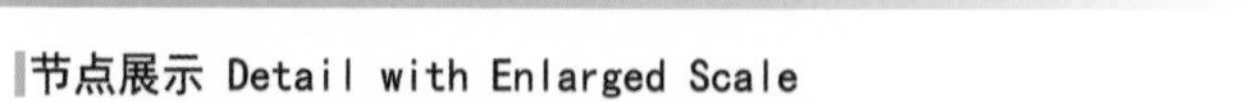

节点展示 Detail with Enlarged Scale

旱喷广场

此广场位于古街区的旁边，是城市滨水娱乐区中的一个小广场。

广场中央为下沉的旱喷广场，两侧的台地上则是供小孩玩耍的沙坑。广场的后部设有可供休息的树阵广场，从这里可以一览整个广场，放心地让小朋友玩耍。

旱喷广场不喷水的时候还可以作为小型的讲演广场。广场周围种植竹林，与背后的古街正面开阔的江景结合起来别有一番古风。

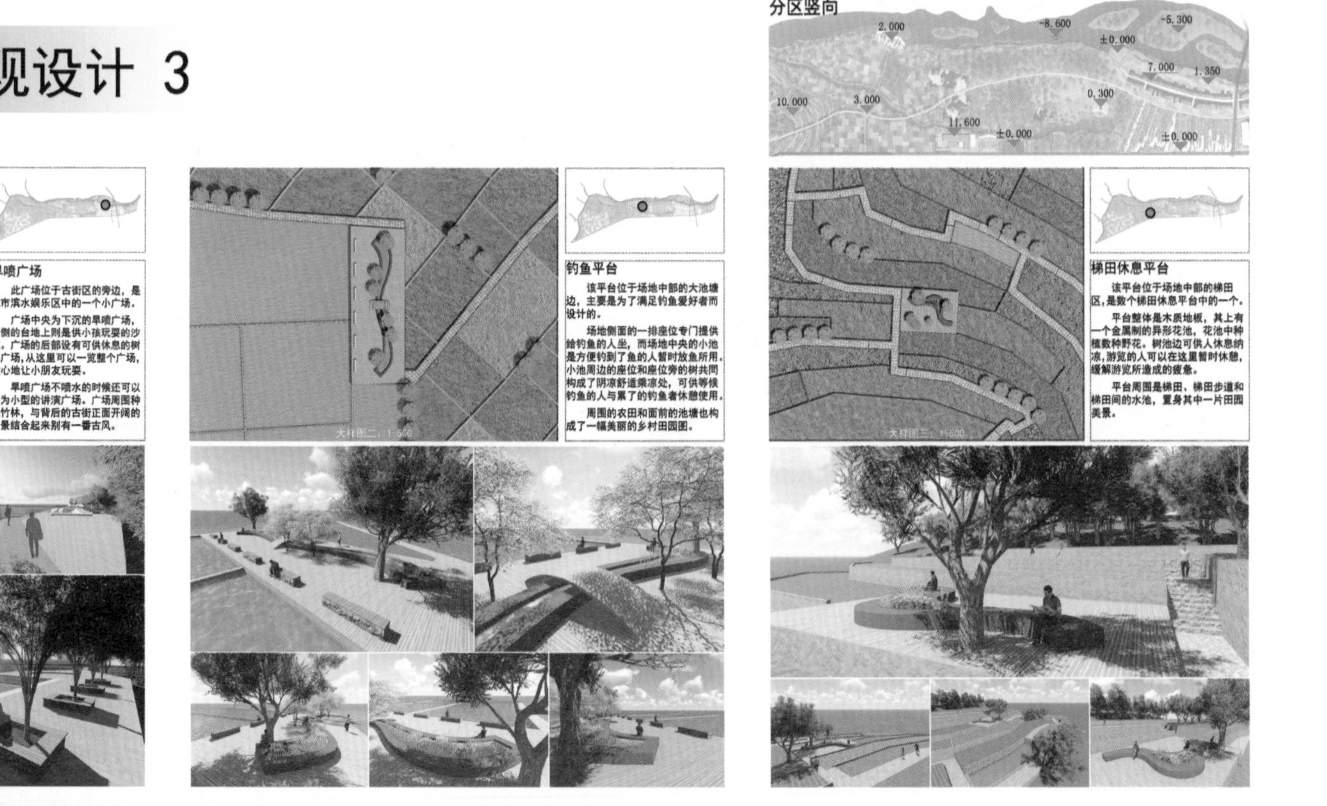

钓鱼平台

该平台位于场地中部的大池塘边，主要是为了满足钓鱼爱好者而设计的。

场地侧面的一排座位专门提供给钓鱼的人坐，而场地中央的小池是方便钓到了鱼的人暂时放鱼所用。小池周边的座位和座位旁的树共同构成了阴凉舒适乘凉处，可供等候钓鱼的人与累了的钓鱼者休憩使用。

周围的农田和面前的池塘也构成了一幅美丽的乡村田园图。

梯田休息平台

该平台位于场地中部的梯田区，是数个梯田休息平台中的一个。

平台整体是木质地板，其上有一个金属制的异形花池，花池中种植数种野花。树池边可供人休息纳凉，游览的人可以在这里暂时休憩，缓解游览所造成的疲惫。

平台周围是梯田、梯田步道和梯田间的水池，置身其中一片田园美景。

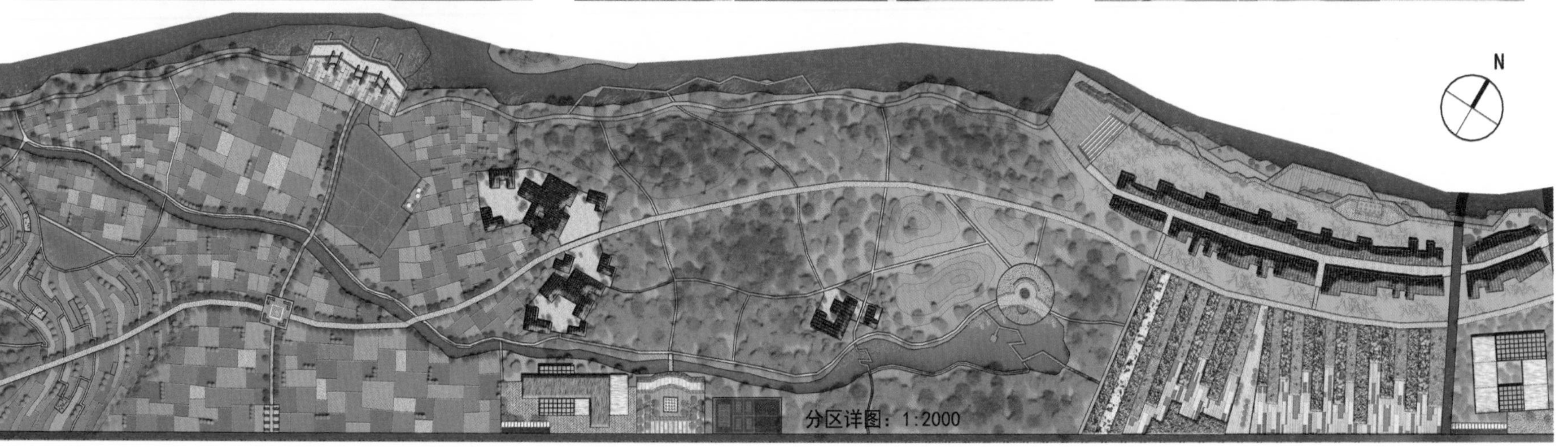

毗河记忆 · 滨水景观设计 4
植物种植配置 Planting Schema and Specification
种植分区图
滨水湿地种植区
一般农田种植区
广场观赏种植区
公园林木种植区
生态农业种植区
生态梯田种植区
山地林木种植区
种植原则：
1. 适应性
运用当地乡土植物品种构成富有地方特色的植物景观，以实现对当地生态环境最小程度的干扰，对乡土物种最大程度的保护和利用。
2. 节约性
尽量选用成本较低、生长较快、容易管理的品种，减少前期投入和后期维护费用。
3. 生态性
在充分研究当地湿地植物群落生长情况的基础上，合理组合利用各种乔木灌木湿生及水生植物，构建和谐稳定的湿地植物群落，形成可持续发展的生态绿地。
种植意向
山地林木种植区
广场观赏种植区
一般农业种植区
公园林木种植区
滨水湿地种植区
设计说明：
该场地位于成都市青白江区姚渡镇，通过对场地的实地调研，我发现场地的整个风貌是典型的川西林盘景观。在各种城镇开发、旅游开发高歌猛进的今天，这种传统的林盘景观正在逐渐地消失，我们的文化记忆也在不断地消失。
因此，我从生态环境和传统景观保护的角度出发，以景观生态学理论为基础，致力于场地整体环境质量的提升和川西林盘景观风貌的保存与恢复。在对场地进行设计的时候，尽量保存场地原有的风貌和记忆，仅对其生态环境进行提升和改造。

毗河记忆·滨水景观设计 5
生态驳岸专题分析 Analysis of Riverside Section
现状
改造后
现状问题：
1. 因为靠近居民生活区，乱倒垃圾现象严重，河岸被生活垃圾污染。
2. 因雨季防洪压力大，政府对河岸进行过整修，导致河岸硬化现象严重。
3. 地平与河岸高差大，缺乏亲水空间。
密林
休闲步道
河岸湿地
水上栈道
解决方案：
1. 利用湿地植物净化被污染的土壤。
2. 将原本的硬质河岸改为自然驳岸，现有护堤与河滩结合建成大片湿地使其成为新的“护堤”。
3. 通过建设滨河广场、沿河步道以及其他滨水附属设施吸引居民们到水边来，丰富居民的业余文化生活。
4. 通过生态改造增加城市绿化率改善城内环境，丰富城市文化内涵。
现状问题：
1. 同样，因为靠近场镇河岸生活垃圾污染比较严重。
2. 姚渡镇污水处理能力落后，致使很多生活污水未经处理便被直接排入河中，极大地污染了河水，造成河岸缓冲带植被多样化降低。
3. 因为场镇建设造成的河岸硬化与地平升高，加大了居民与自然的隔阂。
城市滨水广场
缓冲植物带
解决方案：
1. 因为靠近保留的古镇，无法大面积改造地形，因此在原有护堤的基础上，新建的广场呈阶梯状降低，最终靠近水面。原本硬化的边缘通过加高河滩，增种植物进行软化。
2. 新建城市污水处理厂，并充分利用场地进行进一步的污水净化。
3. 该段河岸各“阶”有广场，有绿植，有水池，在满足城市功能的前提下尽可能多的增加绿化率，提高城市的“弹性”。
现状问题：
1. 河岸植物稀疏、种类单一，难以起到固土净化的作用。
2. 缺乏护堤，每年雨季河水漫过河岸，河水退去后河岸成为泥滩，难以靠近。
滨水林带
滨河步道
解决方案：
1. 将原本已被河水冲得不见形状的河堤用土石重筑，并在内部种植根系发达的植物以防波固堤。
2. 广泛地种植各种喜湿的乔灌草以丰富原本单一的植物种类。
3. 修建滨河步道，拉近人与水的关系。
现状问题：
1. 河岸垃圾。
2. 河岸有多级“阶梯”，阻碍了亲水活动。
3. 经常有人在河边钓鱼，但是河边全是淤泥，行走不便，也没有任何设施。
滨水广场
河滩湿地
解决方案：
1. 将原本的“阶梯式”河岸改为“河滩+湿地栈道”的方式，大大地提高了河岸的亲水性。
2. 广场的一部分伸出木平台，伸进浅滩，为想进行钓鱼、戏水的人群提供了“专门的”场地。
3. 清理河岸垃圾利用浅滩和湿地植物对已被污染的土壤进行净化。
现状问题：
1. 多种污染（养鸭场的禽类粪便与饲料，生活垃圾与生活污水，粗放式农业导致的农药化肥流失）叠加，导致此段河岸土质发黑，河水已伴有臭味，岸边植物更是死亡了大半。
2. 堤岸形式单一呆板。
小河
湿地林带
湿地水塘
湿地木栈道
解决方案：
1. 对周边农业进行精细化管理，靠近河岸的农田与现有河岸一起改造成河岛或滨河湿地，增强对土壤和污水的净化处理能力。
2. 将该段原有的单一死板的堤岸形态进行丰富，并结合现有的河岛将此段改造成集生态、休闲、游览于一体的全园核心区域。
3. 将原本养殖区内的一部分禽类放养在片区内，使其成为生态循环的一部分。
专项设计 Special Designs
公共服务设施规划
住宿
餐饮
商店
厕所
停车
管理
防灾避险分区
疏散口
应急医疗
棚宿区
车宿区
水源保护地
绿化隔离带
应急指挥中心区
铺装规划意向
道路铺装
基于环保生态的基本设计概念，道路铺装设计首要考虑如何利于雨水渗透，保护场地原有的弹性。
设计原则：
1. 采用行走舒适、承重能力强，且生态环保的材料，如透水混凝土，透水砖等。
2. 采用透水性好、可循环利用的材料，如卵石散铺，嵌草砖等。
广场铺装
同样基于环保生态的基本设计概念，广场铺装设计也着重考虑如何利于雨水渗透，保护场地原有的弹性。
设计原则：
1. 采用适宜活动、符合生态要求的材料，如透水砖，透水豆石等。
2. 采用透水性好、具有生态性的材料，卵石散铺，粗砂铺地，石材嵌草铺，植草格，透水豆石等。
园路景观设计意向
木桥设计意向
指示系统设计意向
设施小品设计意向

成都市青白江区姚渡镇滨水景观设计

归园·田居

设计说明

通过对于川西林盘的深入研究，本设计把关注点集中在对于“隐逸田园，诗意栖居”的农田式景观空间的营造。借助陶渊明《桃花源记》中所描述的空间序列，将当地特色的元素诸如堰、桥、坝、渡口、草垛及渔网等进行重组再创造以赋予其新的活力。又结合中国古典园林的造园手法，如借景、对景、障景等，创造出一片独立于快速发展的现代城镇的乐土。同时，利用不同的景观空间充分调动人的视觉、听觉、嗅觉和触觉，希望实现全方位的田园式生活的体验感。

整体来看，整个景观带对于外界来说是内聚的、封闭的，但景观带的内部却是开放的，形成一种“世外桃源”般的意境。这样的空间构思既符合传统川西林盘的本质，也符合中国古典园林的基本内涵，使整个设计带有浓烈的“中国味道”。

用地平衡表

项目	广场铺地用地	绿化用地	水体用地	道路与停车用地	建筑用地	总计
面积(hm)	25.8	110.3	37.2	5.1	7.5	185.9
占地比例(%)	13.8%	59.5%	20%	2.7%	4%	100%
备注			包含红线范围内的毗河占地面积			

区位

宏观区位

中观区位

基本概况

交通分析

建筑分析

地形分析

植被分析

人文

文化类型

林盘模型

基地位于林盘快速消失区，对于林盘文化的保护和发展刻不容缓。

成都市林盘分布现状图

特色元素

人群活动

水文

现状驳岸

全长：64.5km

河道宽：45-80m

汛期：6-11月 枯期：12月-次年5月

成都水系分布

毗河属都江堰水系，源于都江堰岷江的柏条河流至郫县团结镇石堤堰，被分流为府河和毗河。毗河新都龙安乡流入新都县境内，向东流到郭家寺进入青白江区，最后在金堂注入千里沱江，是连接岷江与沱江的灌溉排洪河道，是成都平原主要的灌溉排洪河道之一，来水量主要取决于都江堰灌区排灌弃水和区间暴雨洪水。

壹

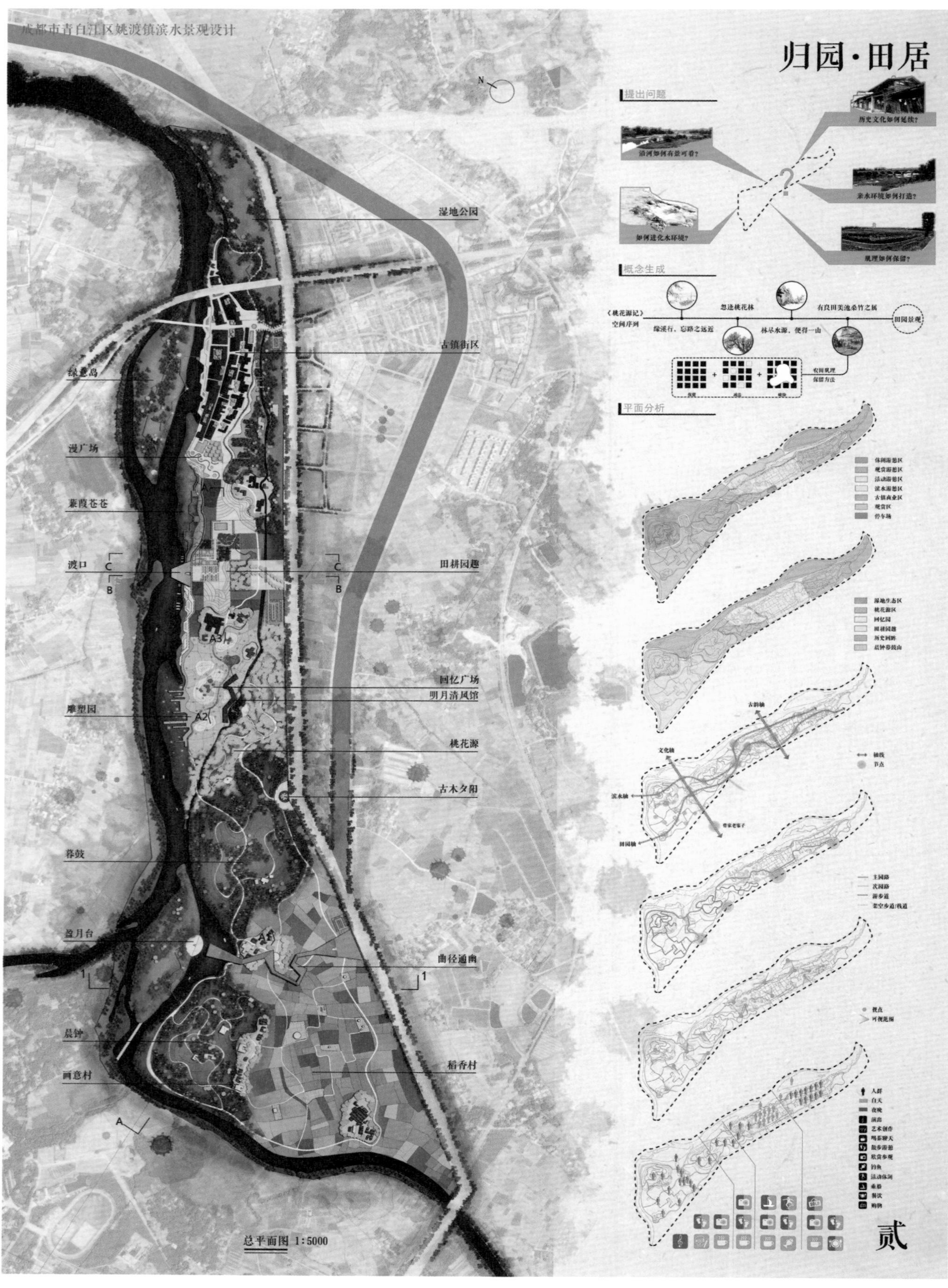
成都市青白江区姚渡镇滨水景观设计
归园·田居
提出问题
沿河如何有景可看?
如何进化水环境?
历史文化如何延续?
亲水环境如何打造?
肌理如何保留?
概念生成
《桃花源记》
空间序列
缘溪行，忘路之远近
忽逢桃花林
林尽水源，便得一山
有良田美池桑竹之属
田园景观
农田肌理
保留方法
平面分析
休闲游憩区
观赏游憩区
活动游憩区
滨水游憩区
古镇商业区
观赏区
停车场
湿地生态区
桃花源区
回忆园
田耕园趣
历史回眸
晨钟暮鼓山
古韵轴
文化轴
滨水轴
田园轴
管家老宅子
轴线
节点
主园路
次园路
游步道
架空步道/栈道
视点
可视范围
人群
白天
夜晚
演出
艺术创作
喝茶聊天
散步游憩
欣赏参观
钓鱼
活动休闲
乘船
餐饮
购物
贰
湿地公园
古镇街区
绿意岛
漫广场
蒹葭苍苍
渡口
田耕园趣
回忆广场
明月清风馆
雕塑园
桃花源
古木夕阳
暮鼓
盈月台
曲径通幽
晨钟
画意村
稻香村
总平面图 1:5000

成都市青白江区姚渡镇滨水景观设计
归园·田居
透视图
04
02
03.
01.
01.
02.
03.
04.
人们决定宴会要在露天举行，靠近城镇，在广袤的田地里。那里，高高的玉米秸秆劲立，犹如一座大庙中均匀的柱列，在灿烂的阳光下显现出一片金黄的颜色，这些柱列向地平线无限延伸。玉米秆加玉米秆，显示了土地不可穷竭的肥力。在这里，人们唱歌、舞蹈，嗅闻着成熟的玉米香。在这无边无际的肥沃土地上，最终和解的人们通过劳动为自己带来了象征幸福的面包。
——左拉《劳动》
曲径通幽平面图 1:2000
2.000
1-1剖面图 1:2000
18.000
2.000
A-A1剖面图 1:2000
18.000
-2.000
A1-A2剖面图 1:2000
4.000
3.000
±0.000
±0.000
-1.350
A2-A3剖面图 1:2000
A3-A剖面图 1:2000
±0.000
8.000
-6.000
B-B剖面图 1:2000
C-C剖面图 1:2000
叁

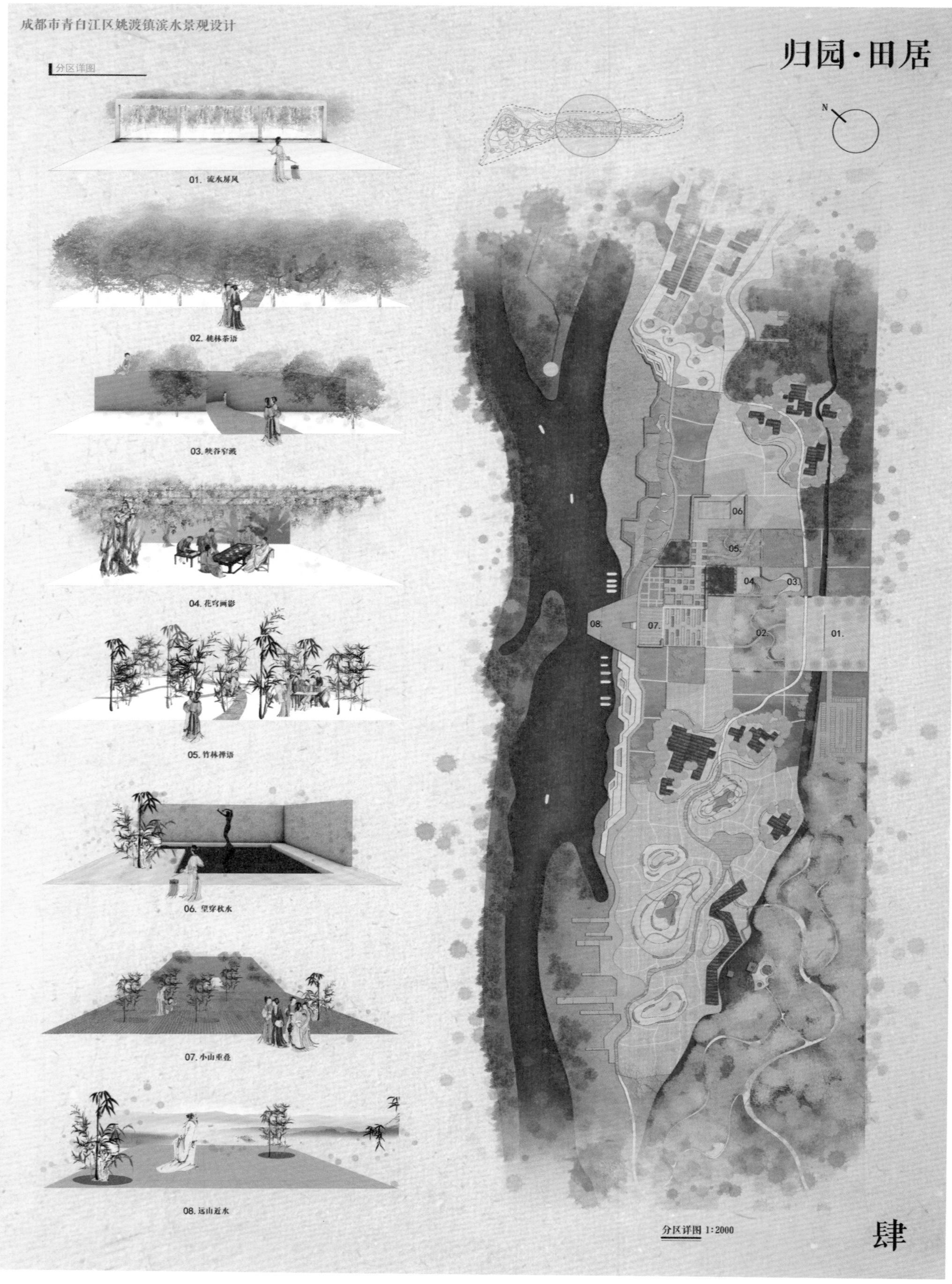

成都市青白江区姚渡镇滨水景观设计
归园·田居
分区详图
01. 流水屏风
02. 桃林茶语
03. 峡谷穿溅
04. 花穹画影
05. 竹林禅语
06. 望穿秋水
07. 小山重叠
08. 远山近水
N
01.
02.
03.
04.
05.
06
07.
08.
分区详图 1:2000
肆

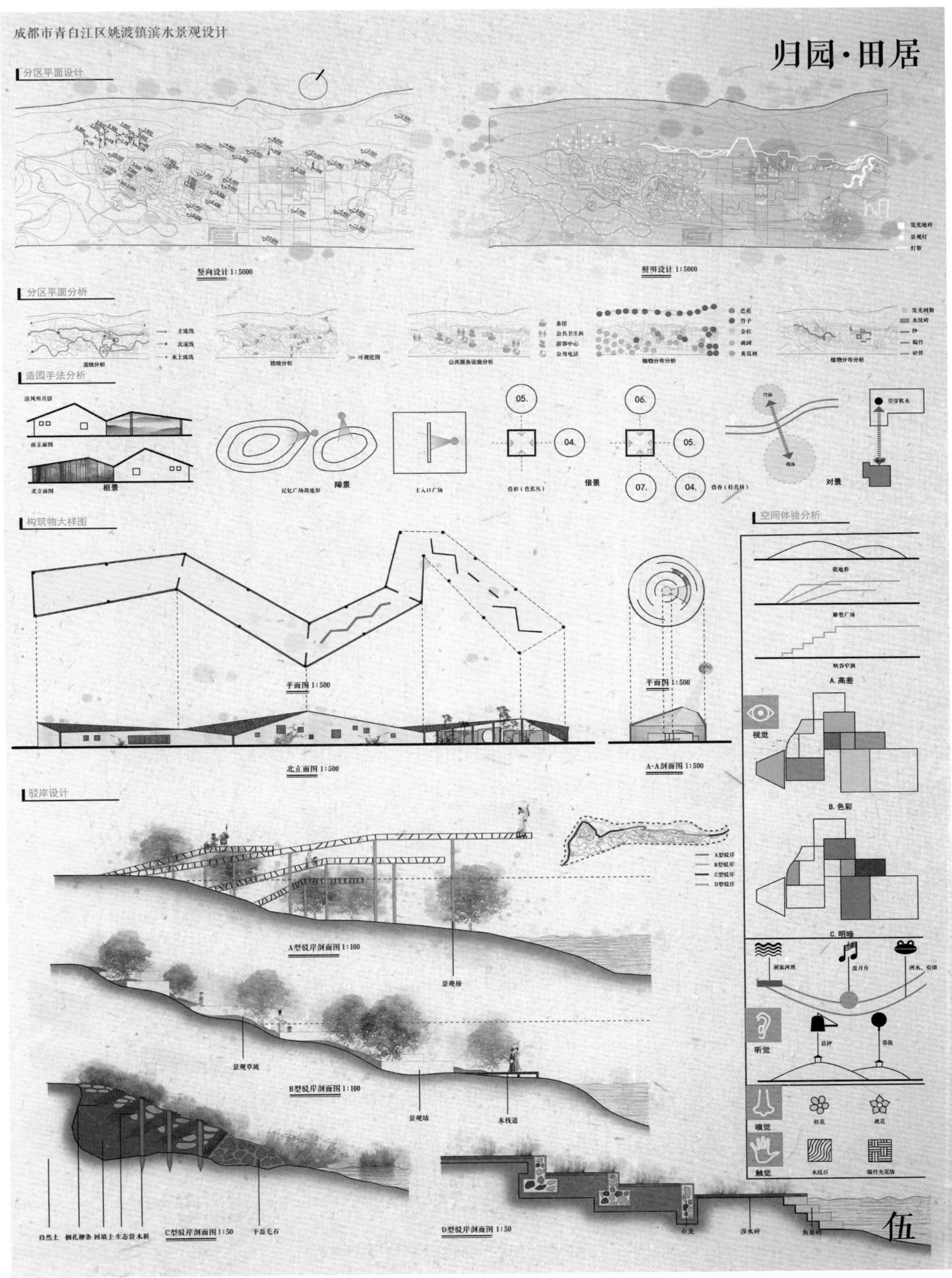

成都市青白江区姚渡镇滨水景观设计
归园·田居
分区平面设计
竖向设计 1:5000
照明设计 1:5000
分区平面分析
流线分析
视线分析
公共服务设施分析
植物分布分析
造园手法分析
框景
障景
借景
对景
构筑物大样图
平面图 1:500
北立面图 1:500
A-A剖面图 1:500
驳岸设计
A型驳岸剖面图 1:100
B型驳岸剖面图 1:100
C型驳岸剖面图 1:50
D型驳岸剖面图 1:50
景观桥
景观草坡
景观墙
木栈道
空间体验分析
A. 高差
B. 色彩
C. 明暗
视觉
听觉
嗅觉
触觉
伍

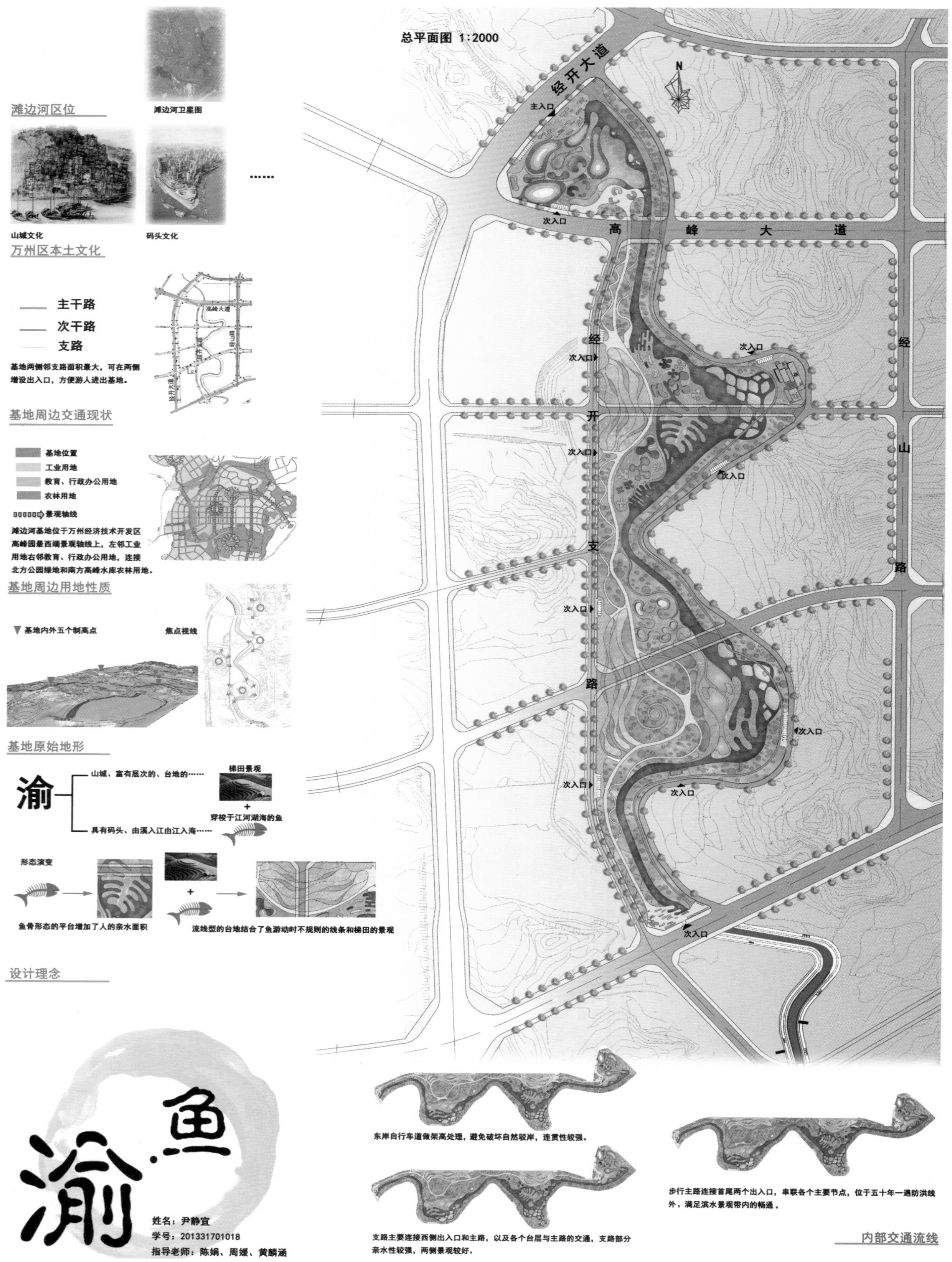

滩边河区位
滩边河卫星图
山城文化
码头文化
万州区本土文化
主干路
次干路
支路
基地两侧邻支路面积最大，可在两侧增设出入口，方便游人进出基地。
基地周边交通现状
基地位置
工业用地
教育、行政办公用地
农林用地
景观轴线
滩边河基地位于万州经济技术开发区高峰园最西端景观轴线上，左邻工业用地右邻教育、行政办公用地，连接北方公园绿地和南方高峰水库农林用地。
基地周边用地性质
基地内外五个制高点
焦点视线
基地原始地形
渝
山城、富有层次的、台地的……
梯田景观
穿梭于江河湖海的鱼
具有码头、由溪入江由江入海……
形态演变
鱼骨形态的平台增加了人的亲水面积
流线型的台地结合了鱼游动时不规则的线条和梯田的景观
设计理念
总平面图 1:2000
经开大道
高峰大道
经开支路
经山路
主入口
次入口
渝鱼
姓名：尹静宜
学号：201331701018
指导老师：陈娟、周媛、黄麟涵
东岸自行车道做架高处理，避免破坏自然驳岸，连贯性较强。
支路主要连接西侧出入口和主路，以及各个台层与主路的交通，支路部分亲水性较强，两侧景观较好。
步行主路连接首尾两个出入口，串联各个主要节点，位于五十年一遇防洪线外，满足滨水景观带内的畅通。
内部交通流线

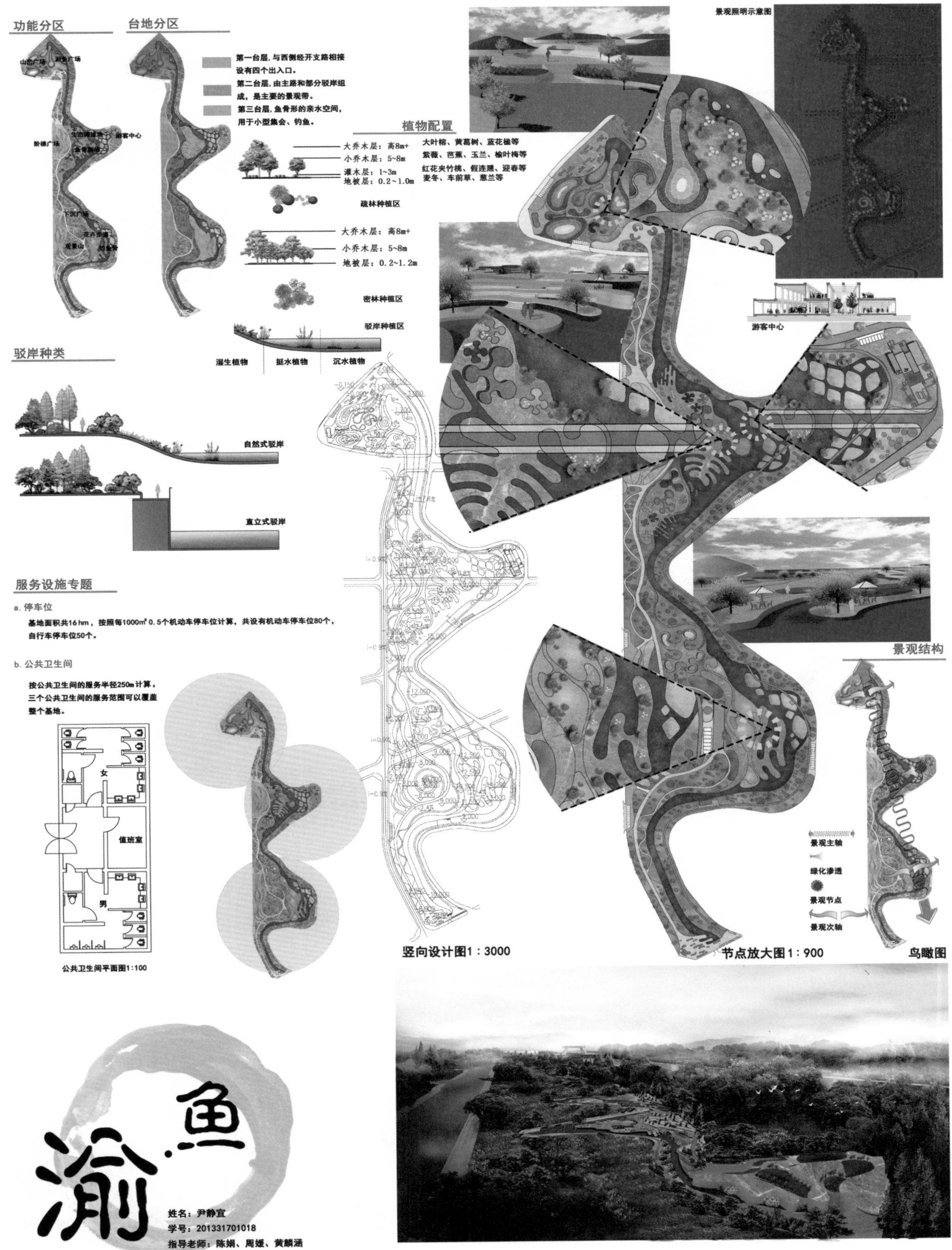
功能分区
台地分区
第一台层，与西侧经开支路相接设有四个出入口。
第二台层，由主路和部分驳岸组成，是主要的景观带。
第三台层，鱼骨形的亲水空间，用于小型集会、钓鱼。
植物配置
大乔木层：高8m+
小乔木层：5~8m
灌木层：1~3m
地被层：0.2~1.0m
大叶榕、黄葛树、蓝花楹等
紫薇、芭蕉、玉兰、榆叶梅等
红花夹竹桃、假连翘、迎春等
麦冬、车前草、葱兰等
疏林种植区
大乔木层：高8m+
小乔木层：5~8m
地被层：0.2~1.2m
密林种植区
驳岸种植区
湿生植物
挺水植物
沉水植物
驳岸种类
自然式驳岸
直立式驳岸
服务设施专题
a. 停车位
基地面积共16 hm，按照每1000m² 0.5个机动车停车位计算，共设有机动车停车位80个，自行车停车位50个。
b. 公共卫生间
按公共卫生间的服务半径250m计算，三个公共卫生间的服务范围可以覆盖整个基地。
女
值班室
男
公共卫生间平面图1:100
景观照明示意图
游客中心
景观结构
景观主轴
绿化渗透
景观节点
景观次轴
竖向设计图1：3000
节点放大图1：900
鸟瞰图
渝·鱼
姓名：尹静宜
学号：201331701018
指导老师：陈娟、周媛、黄麟涵

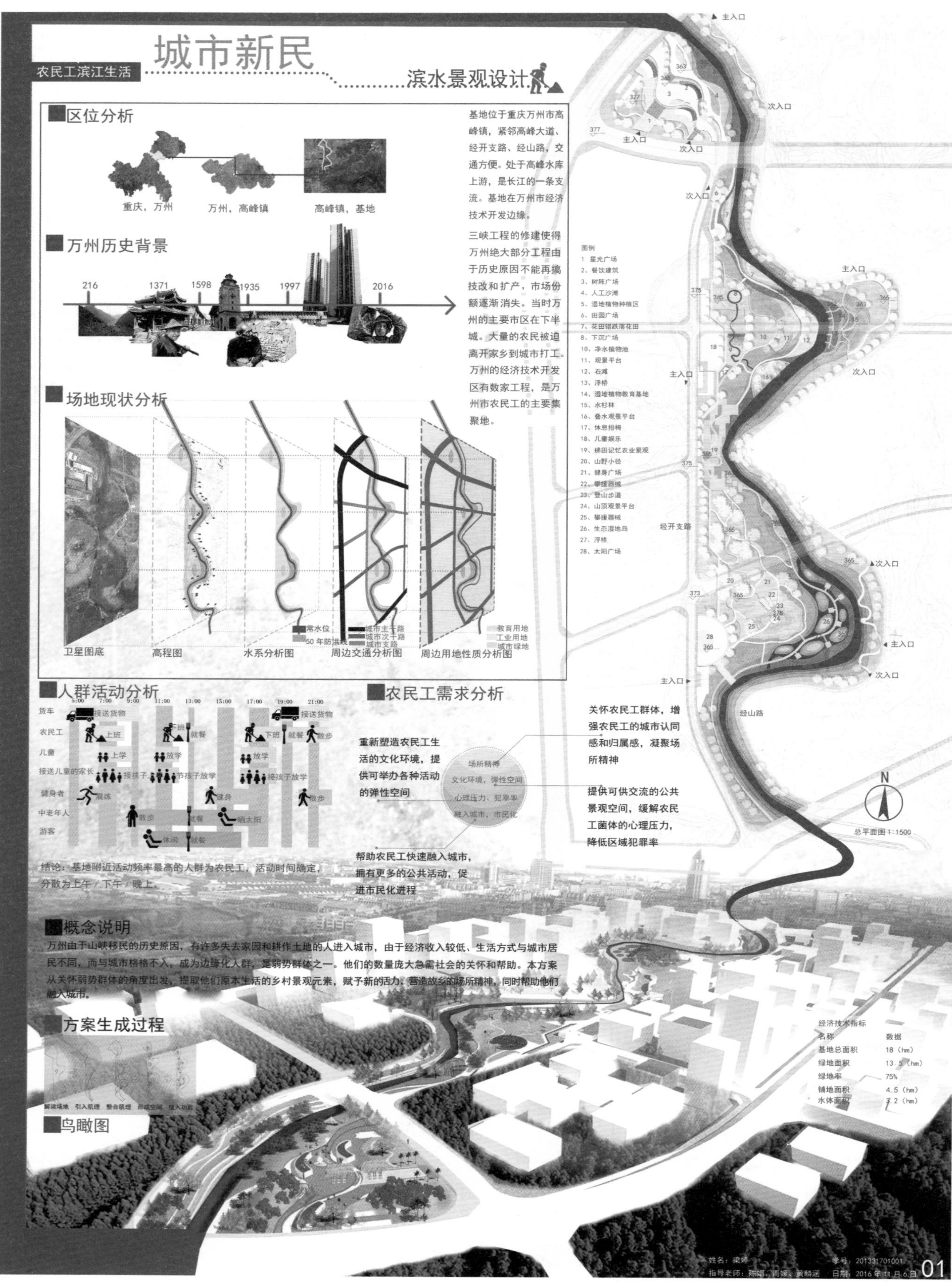

城市新民
农民工滨江生活
滨水景观设计
区位分析
重庆，万州
万州，高峰镇
高峰镇，基地
基地位于重庆万州市高峰镇，紧邻高峰大道、经开支路、经山路，交通方便。处于高峰水库上游，是长江的一条支流。基地在万州市经济技术开发边缘。
万州历史背景
216
1371
1598
1935
1997
2016
三峡工程的修建使得万州绝大部分工程由于历史原因不能再搞技改和扩产，市场份额逐渐消失。当时万州的主要市区在下半城。大量的农民被迫离开家乡到城市打工。万州的经济技术开发区有数家工程，是万州市农民工的主要集聚地。
场地现状分析
卫星图底
高程图
水系分析图
周边交通分析图
周边用地性质分析图
常水位
50 年防洪线
城市主干路
城市次干路
城市支路
教育用地
工业用地
城市绿地
人群活动分析
货车
农民工
儿童
接送儿童的家长
健身者
中老年人
游客
接送货物
上班
下班
就餐
散步
上学
放学
接孩子
接孩子放学
锻炼
健身
晒太阳
休闲
结论：基地附近活动频率最高的人群为农民工，活动时间确定，分散为上午 / 下午 / 晚上。
农民工需求分析
重新塑造农民工生活的文化环境，提供可举办各种活动的弹性空间
场所精神
文化环境，弹性空间
心理压力，犯罪率
融入城市，市民化
关怀农民工群体，增强农民工的城市认同感和归属感，凝聚场所精神
提供可供交流的公共景观空间，缓解农民工菌体的心理压力，降低区域犯罪率
帮助农民工快速融入城市，拥有更多的公共活动，促进市民化进程
概念说明
万州由于山峡移民的历史原因，有许多失去家园和耕作土地的人进入城市，由于经济收入较低、生活方式与城市居民不同，而与城市格格不入，成为边缘化人群，是弱势群体之一。他们的数量庞大急需社会的关怀和帮助。本方案从关怀弱势群体的角度出发，提取他们原本生活的乡村景观元素，赋予新的活力，营造故乡的场所精神，同时帮助他们融入城市。
方案生成过程
鸟瞰图
图例
1. 星光广场
2. 餐饮建筑
3. 树阵广场
4. 人工沙滩
5. 湿地植物种植区
6. 田园广场
7. 花田错跌落花田
8. 下沉广场
10. 净水植物池
11. 观景平台
12. 石滩
13. 浮桥
14. 湿地植物教育基地
15. 水杉林
16. 叠水观景平台
17. 休息排椅
18. 儿童娱乐
19. 梯田记忆农业景观
20. 山野小径
21. 健身广场
22. 攀援器械
23. 登山步道
24. 山顶观景平台
25. 攀援器械
26. 生态湿地岛
27. 浮桥
28. 太阳广场
主入口
次入口
经开支路
经山路
总平面图 1:1500
经济技术指标
名称 数据
基地总面积 18 (hm)
绿地面积 13.5 (hm)
绿地率 75%
铺地面积 4.5 (hm)
水体面积 3.2 (hm)
姓名：梁婷
学号：201331701001
指导老师：陈娟，高媛，黄颖涵
日期：2016 年 11 月 6 日
01

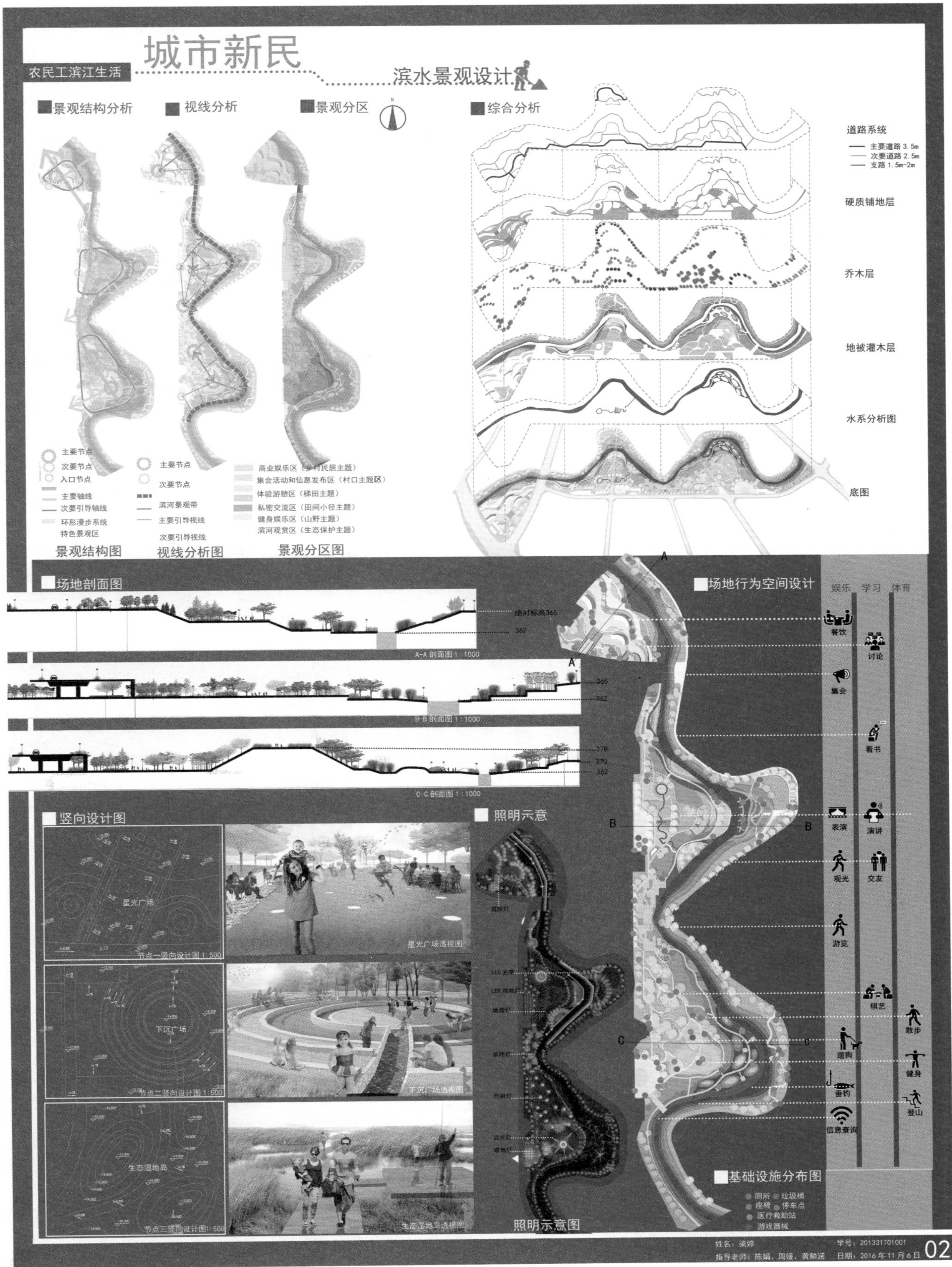
城市新民
农民工滨江生活
滨水景观设计
景观结构分析
视线分析
景观分区
综合分析
道路系统
硬质铺地层
乔木层
地被灌木层
水系分析图
底图
景观结构图
视线分析图
景观分区图
场地剖面图
场地行为空间设计
娱乐 学习 体育
餐饮
讨论
集会
看书
表演
演讲
观光
交友
游览
棋艺
散步
遛狗
健身
垂钓
登山
信息查询
竖向设计图
照明示意
星光广场透视图
下沉广场透视图
生态湿地岛透视图
照明示意图
基础设施分布图
姓名：梁婷
指导老师：陈娟、周媛、黄麟涵
02

城市新民
农民工滨江生活
滨水景观设计
区域和节点详图
驳岸专题
驳岸类型一：垂直驳岸
驳岸类型二：缓坡驳岸
驳岸类型三：阶梯复合驳岸
驳岸类型三：草坡驳岸
驳岸五：石砌式驳岸带平台
小品三
小品二
小品一
植物专题
地被：苔藓、蕨类、葱兰　灌木：至于蓝、忍冬　乔木：红豆杉、连香树、松属
铺装专题
铺地：当地的材料：方石、砾石、混凝土、慈竹、红砖、黑砖、花岗岩
景观小品专题
小品一
分区域招聘信息平台：
立体式的招聘栏方便农民工选择工作并及时获取就与信息，利用片墙上面的洞口，让墙两侧的人产生交流互动。
小品二
二维码景观柱：
方便农民工扫描获取新的资讯和就业信息，促使他们快速融入新的环境。
小品三
交互座椅：
促进农民工之间的相互交流、学习，提升对新环境的适应性。
区域一详图 1:1000
区域二详图 1:1000
区域二位置
区域三位置
区域四位置
区域五详图 1:1000
区域五位置
下层广场效果图
星光入口广场效果图
姓名：梁婷
指导老师：陈娟、周媛、黄麟涵
学号：201331701001
日期：2016年11月6日
03

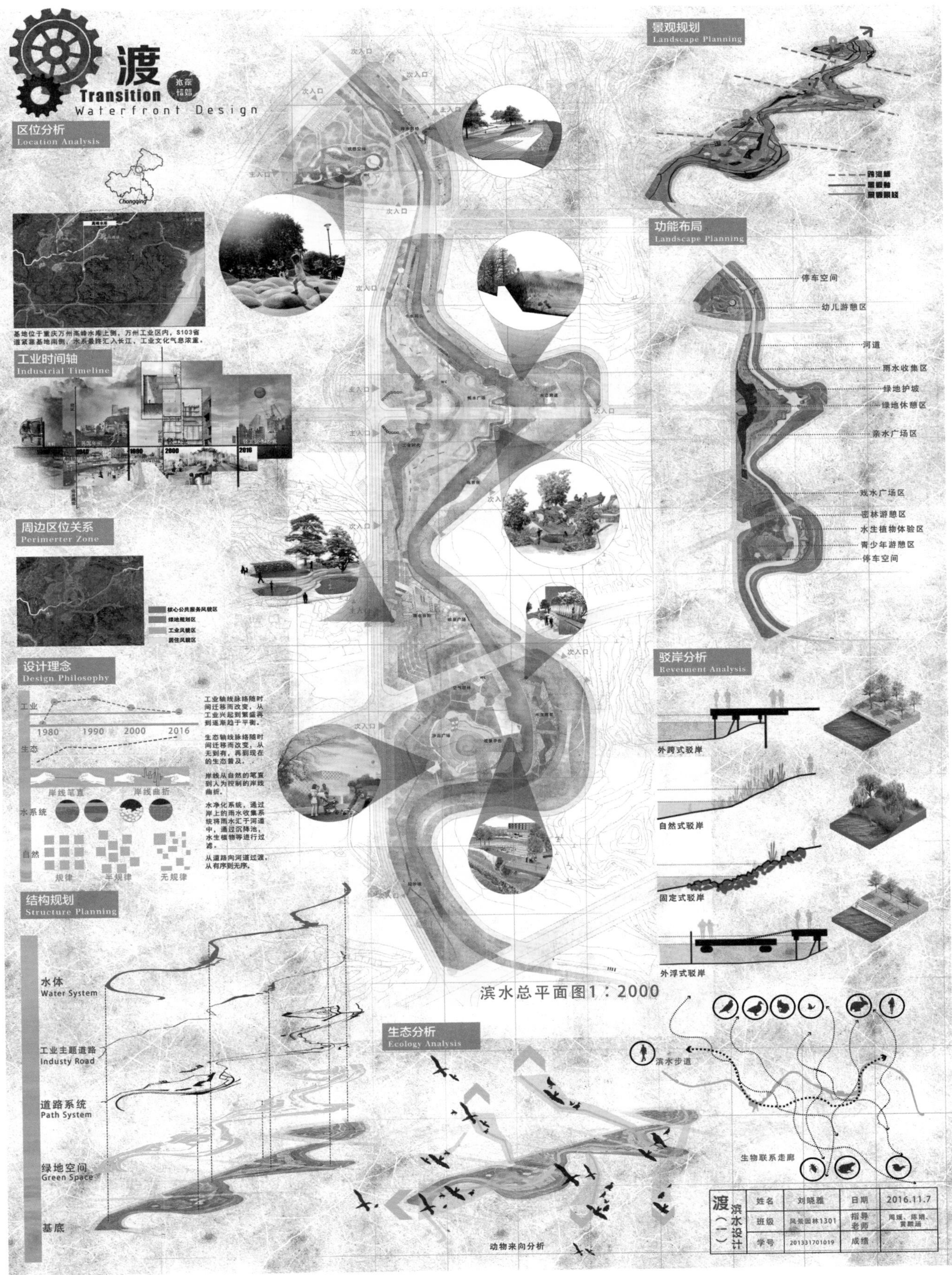

渡 滨水设计（一）	姓名	刘晓雁	日期	2016.11.7
	班级	风景园林1301	指导老师	周媛、陈玥、黄鹏涵
	学号	201331701019	成绩	

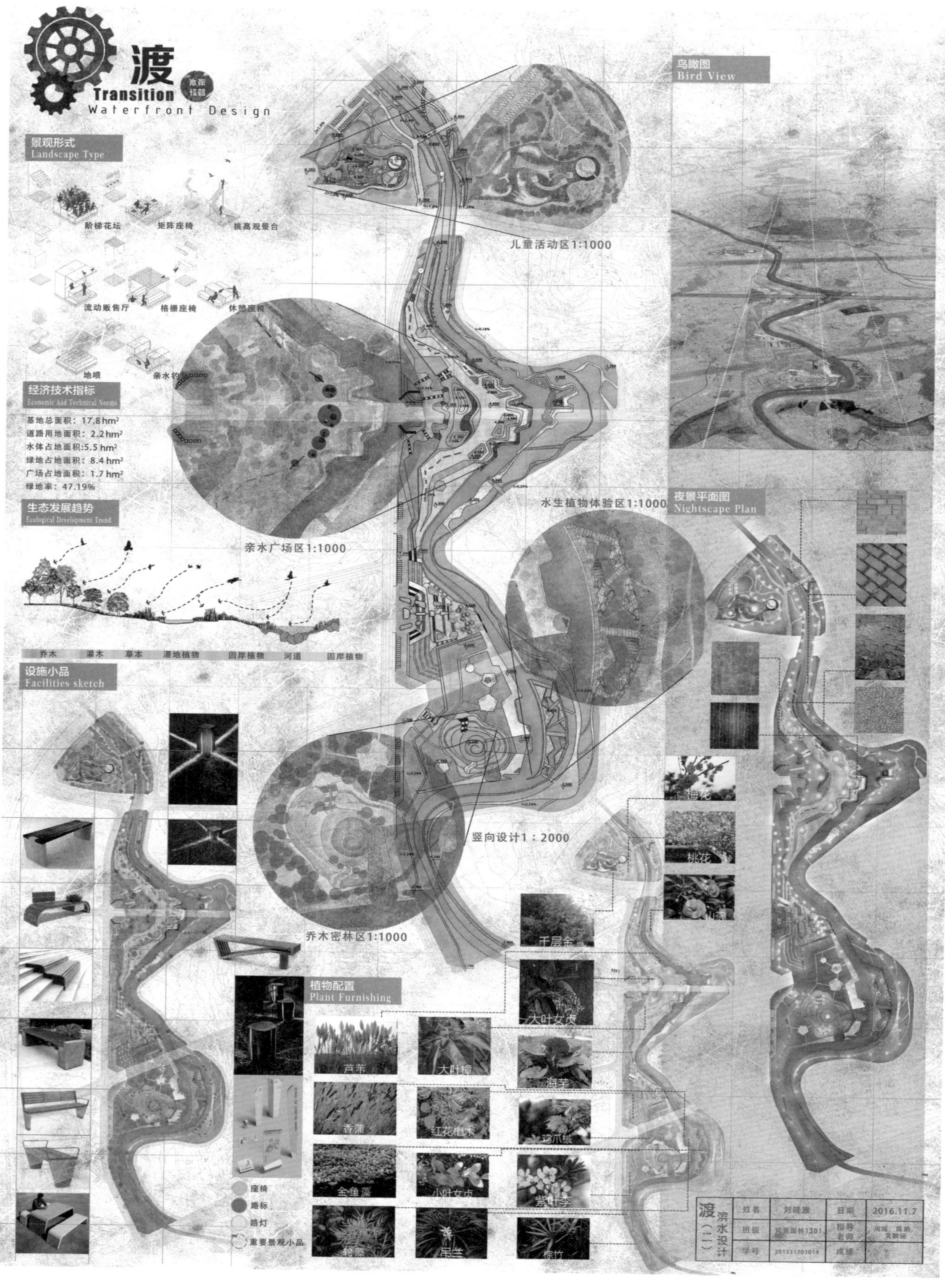
渡
Transition
Waterfront Design
景观形式
Landscape Type
阶梯花坛
矩阵座椅
挑高观景台
流动贩售厅
格栅座椅
休憩座椅
地喷
亲水钓台
经济技术指标
Economic And Technical Norms
基地总面积：17.8 hm²
道路用地面积：2.2 hm²
水体占地面积：5.5 hm²
绿地占地面积：8.4 hm²
广场占地面积：1.7 hm²
绿地率：47.19%
生态发展趋势
Ecological Development Trend
乔木
灌木
草本
湿地植物
固岸植物
河道
固岸植物
设施小品
Facilities sketch
儿童活动区1:1000
亲水广场区1:1000
水生植物体验区1:1000
竖向设计1：2000
乔木密林区1:1000
鸟瞰图
Bird View
夜景平面图
Nightscape Plan
梅花
桃花
山茶
千层金
大叶女贞
海芋
植物配置
Plant Furnishing
芦苇
大叶樟
香蒲
红花檵木
八爪金
金鱼藻
小叶女贞
紫叶李
吊兰
棕竹
座椅
路标
路灯
重要景观小品
渡 滨水设计（二）
姓名
刘晓雅
日期
2016.11.7
班级
风景园林1301
指导老师
成绩
学号
201331701019

05

风景区设计

SCENIC AREA DESIGN

浅谈风景名胜区规划设计的思路和方法

西南民族大学城市规划与建筑学院　黎贝

摘要：根据我院风景园林专业主要专业课“风景区规划”开设以来的教学情况，对课程主体内容进行梳理与总结，包括课程概述、课程内容概述、风景区规划设计基本原则、风景区规划设计内容及方法四部分。通过以往课程内容的总结归纳，以期为风景区规划教学提供参考。

关键词：风景区规划　课程　原则　内容　方法

1. 课程概述

风景区规划是风景园林设计专业的核心课程之一，是对学生在较大尺度的土地上进行规划与设计的专业技能的训练。我院“风景名胜区规划”课程为风景园林专业必修课，大四下学期开课，总学时为136学时。课程内容包括风景区总体规划及核心景区控制性详细规划两部分。其中风景区总体规划包含风景区相关概念解读、风景区相关规范解读、风景区规划案例分析、风景资源分类与评价、风景区容量和人口估算，以及各类专项规划等内容。风景区核心景区控制性详细规划包含景区内用地范围和开发利用强度指标的确定，景区内人工建设控制措施的确定以及主要景观节点的详细设计等内容。通过风景区总体规划与控制性详细规划、景观节点详细设计的衔接，培养学生对风景区总体规划、控制性详细规划的基本框架、基本步骤，以及对一般大型场地在详细设计的深度上的设计逻辑方法的掌握。课程以景观生态学、3S技术应用、区域景观规划、景观资源学、旅游与游憩规划等为专业基础，与城市绿地系统规划与设计等专业课并行。

2. 课程内容概述

课程规划设计范围涵盖风景名胜区规划、国家森林公园的规划设计、国家湿地公园的规划设计、城市大型公园绿地的规划等较大尺度的规划设计项目，包括成都市十陵风景区规划设计以及新疆琼库石台风景区规划设计。其中十陵风景区是成都东部新区起步区的两大组成部分之一，内有明蜀王陵十座。总面积30000亩，其中水域面积约4000亩。新疆琼库什台风景区位于新疆维吾尔自治区特克斯县南部山区，与喀拉峻草原隔河相望。其中的琼库什台村在2010年12月13日入选中国历史文化名村。村庄四面环山，房屋依水而建河谷较宽，常年水流不止。是伊犁河谷保存完好的一个木构建筑群，具有较高的历史文化价值。两个设计对象均具有丰富的景观资源条件和浓厚的历史文化底蕴，有利于训练学生对各类景观资源的综合分析和处理能力。课程要求学生对所选风景区进行总体规划，并根据风景区规模，选择1～2个的核心景区进行控制性详细规划以及1～2个主要景点进行详细设计。最终成果包括规划文本、规划图纸、规划说明书三部分。

3. 风景区规划设计基本原则

课程要求学生根据风景区资源特征、环境条件、历史文化情况、现状特点以及经济和社会发展趋势,依循以下原则对其进行统筹兼顾,综合安排。

3.1 保护性原则

在风景资源评价基础上，保护场地内自然与文化资源及原有景观特征和地方特色。综合考虑场地环境承载力，维护场地内生物多样性及生态良性循环。合理权衡风景区自身发展与社会需求之间的关系,通过规划设计充实风景区科教审美特征。

3.2 和谐发展原则

与国土规划、区域规划、城市总体规划、土地利用总体规划及其他相关规划的相互协调或衔接，在统一协调的基础上，突出各自的特色，互相协调，形成统一的整体。充分发挥景源的综合潜力，展现风景游览的观赏主体，配置必要的服务设施与措施，规划设计风景优美、设施方便、生态环境良好、景观形象和游赏魅力、人与自然和谐发展的风景游憩区域。

3.3 风景区规划的分区、结构与布局原则

根据风景资源价值与分布，划分风景区功能分区。分区应保证同一区内的规划对象的特性及其存在的环境基本一致，且同一区内的规划原则、措施及其成效特点应基本一致。规划分区应尽量保持原有的自然、人文单元界限的完整性。同时规划内容、结构和项目配置应符合风景区的环境承载力、经济发展状况，并能促进风景区的自我生存和有序发展。

4. 风景区规划设计内容及方法

4.1 风景区总体规划内容

4.1.1 风景区资源调查与评估

首先，结合上位规划与其他相关规划和资源调查，综合分析并评价风景区现状。其中资源调查主要包括现在和潜在的旅游资源调查及确定最具有吸引力的风景区段和景点，并且分析当前的客源市场组成结构及未来市场的潜力等。在全面了解风景区景观资源类型与现状基础上，依照《风景名胜区规划规范》中相应内容对风景区景观资源进行分类。在拟定各类评价指标后，利用专家评价法或层次分析法对风景区景观资源进行评价，并根据评价结果明确风景资源价值等级。其次，利用3S技术从高程、坡度、坡向、植被、视线、水系、生物多样性等对风景区场地条件进行分析，明确场地中的生态敏感区范围。最后综合上述分析以及风景名胜区主要存在问题，提出风景区现状评价报告。

4.1.2 确定规划目标，划定风景区范围

根据景区地形特征、行政区划、历史文化、景区特色、保护要求、发展特点及社会经济需求出发，确定规划依据、指导思想、规划原则、风景区性质与发展目标，划定风景区范围及其外围保护地带。

4.1.3 确定风景区的分区、结构、布局等基本构架，分析生态调控要点

根据不同目的需要，对风景区进行不同类别分区。当需调节控制功能特征时，应进行功能分区；当需组织景观和游赏特征时，应进行景区分区；当需确定保护培育特征时，应进行保护区分区；在大型或复杂的风景区中，可以几种方法协调并用。同时合理组织风景区局部、整体、外围三个层次的关系，以及合理组织风景区内控制点（交通节点、核心景点、生态关键点、生物通道的关键控制点等）、线（生态廊道、交通通道）、面（景区片区以及景区内构成基质多样性的各种类型要素实体）等结构要素的配置关系。规划结构要素确定后，应合理组织各控制点、线、面之间的联系。

4.1.4 计算人口容量及其分区控制

区域人口容量通常采用实际居住人口、 服务人口及区域最高日游人容量之和来计算， 计算结果可作为确定建设用地规模与基础设施配置的相关依据。 游人容量分为年游人容量与日游人容量， 可依照 《风景名胜区规划规范》 中相关计算方法对风景区内各分区的年游人容量和日游人容量进行计算， 并根据景区生态敏感性与管理目标对分区游人容量进行调控。 当地居住人口容量、 服务人口容量一般采用场地在不同经济发展水平及发展阶段的人口规模来确定， 依据风景区现有人

口及服务人口的合理规模和数量， 结合规划阶段内经济社会发展趋势预测。

4.1.5 制定风景区的保护培育规划

在风景区规划中，通常采用分类保护与分级保护相结合，以分级保护为主的方式进行风景资源保护与培育。分类保护可分为：生态保护区、史迹保护区、风景恢复区、风景游览区和发展控制区等。分级保护可分为：特级保护区、一级保护区、二级保护区、三级保护区和外围保护区。

4.1.6 制定风景游赏规划

风景区游赏规划是以游赏资源与游赏环境为出发点的专项规划，依据不同景区所承受的开发强度，以及游憩观赏活动开展的密度与强度，对景区进行游赏活动规划。内容一般包括游憩及观赏活动分区与结构组织，游憩与观赏项目策划布局，游线路线组织、游赏组团与游赏活动组织、游人容量控制等。

4.1.7 制定典型景观规划

典型景观规划的对象主体是能够代表风景区主体特征的景观，和存在具有特殊风景游赏价值的景观。规划内容包括典型景观的特征及作用分析；典型景观与等景区整体的关系；规划原则与目标；规划内容、项目、设置与组织等内容。在进行典型景观规划时，应充分挖掘与合理利用典型景观的特征与价值，同时也要合理处理典型景观与风景区内其他景观的关系，并针对典型景观组织适宜的游赏项目和活动。

4.1.8 制定旅游服务设施和基础工程规划

结合风景区区域人口容量、各景区功能与保护等级，制定旅游服务设施和基础工程规划。其中旅游服务设施规划主要针对游人而言，结合风景区游人容量及各景区游人容量，对旅游住宿设施、旅游餐饮设施、旅游购物设施、旅游康体娱乐设施、游客接待中心、旅游解说系统的进行布置。旅游基础设施主要针对区域人口而言，结合区域人口容量与风景区规划结构布局，对旅游道路交通设施、旅游安全设施、旅游环境卫生设施等进行布置。

4.1.9 制定土地利用协调规划

结合土地敏感性分析、土地适宜性分析、土地利用方式分区和土地利用现状分析，对风景区范围内的土地进行土地利用协调规划。风景区土地利用协调规划包括土地空间布局结构优化与调整和土地数量比例结构优化与调整两方面内容。土地空间布局结构的优化与调整的任务是对风景区的土地环境和主体功能框架进行空间上的梳理和布置，是制定风景区土地利用结构的基础工作。土地数量、比例、结构的优化与调整的任务是以土地利用现状分析得到的各类用地供给量与风景名胜区的发展对各类土地的需求量为依据，进行各类用地数量的综合平衡。

4.1.10 提出分期发展规划和实施规划的配套措施

根据规划期内各阶段的规划重点与目标，结合各阶段的经济、人口水平与发展趋势，制定与分期实施相配套的实施措施，并通过与整体布局调整相结合的方式来实现各阶段规划目标。

4.2 风景名胜区核心景区控制性详细规划内容

核心景区控制性详细规划的任务是以总体规划为依据，规定核心景区内的各项控制指标和规划管理要求，并直接对建设项目做出具体的安排和规划设计。在核心景区内，根据总体规划中的景区功能定位与开发强度需要，编制控制性详细规划，并选取主要景观节点进行详细设计。

主要内容有：

（1）详细确定景区内各类用地的范围界线，明确用地性质和发展方向，提出保护和控制管理要求， 以及开发利用强度指标等，制定土地使用和资源保护管理规定细则；

（2）对景区内的人工建设项目，包括景点建筑、服务和管理建筑等，明确其位置、体量、色彩、风格；

（3）确定各级道路的位置、断面、控制点坐标和标高；

（4）针对主要景观节点进行详细景观设计。

参考文献

[1] 刘晓霞. GIS技术在风景区规划中的应用分析[J]. 建材与装饰, 2016(04):134.

[2] 束晨阳. 对风景名胜区规划中有关分区问题的讨论[J]. 中国园林, 2007(04):13-17.

[3] 吴承照. 风景游赏规划研究[J]. 规划师, 2005(05):16.

[4] 林轶南. 英国景观特征与我国风景名胜评价体系的比较研究[J]. 中国园林, 2012(02):104-108.

十陵风景区规划设计

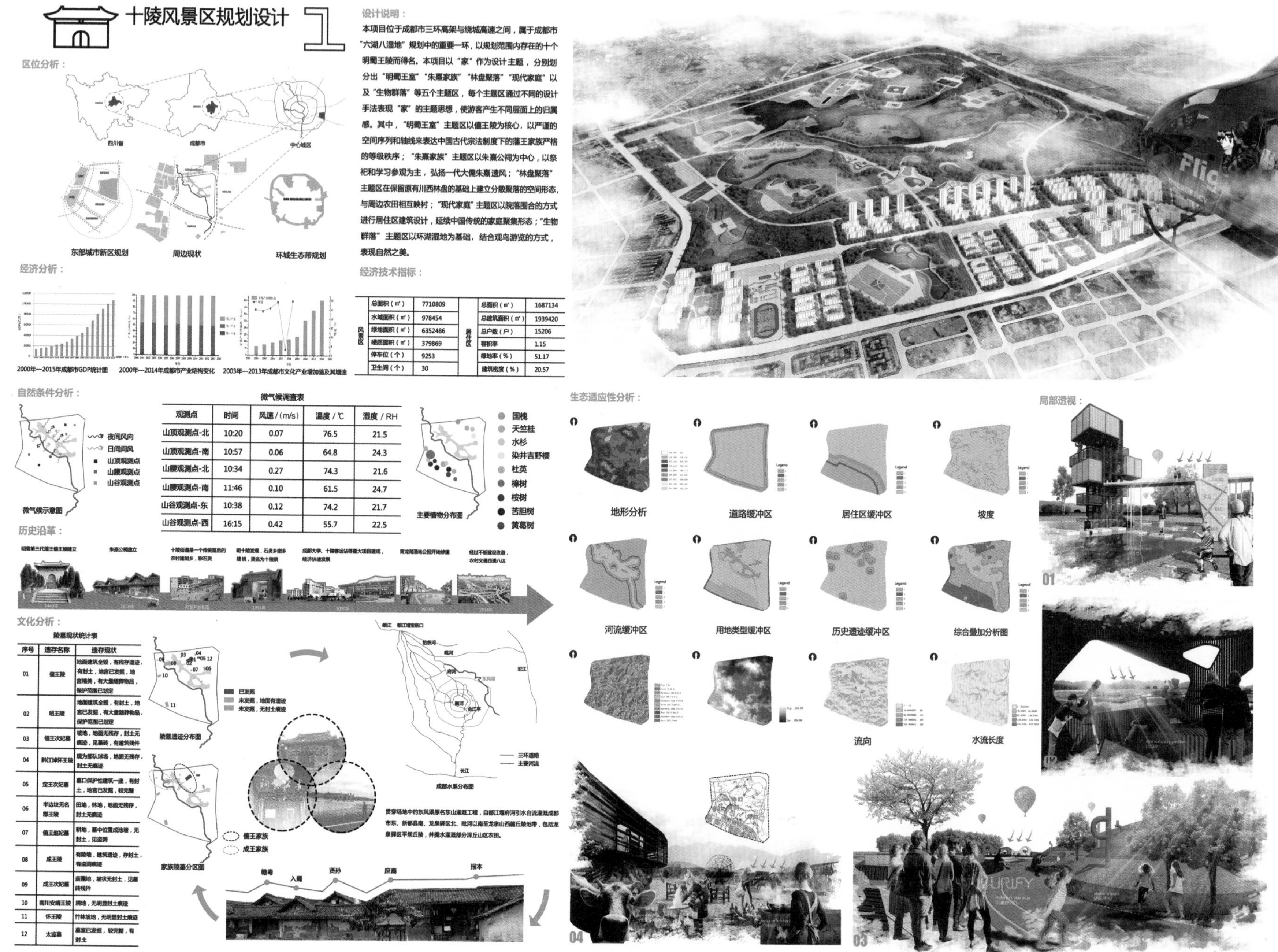

设计说明：

本项目位于成都市三环高架与绕城高速之间，属于成都市"六湖八湿地"规划中的重要一环，以规划范围内存在的十个明蜀王陵而得名。本项目以"家"作为设计主题，分别划分出"明蜀王室""朱熹家族""林盘聚落""现代家庭"以及"生物群落"等五个主题区，每个主题区通过不同的设计手法表现"家"的主题思想，使游客产生不同层面上的归属感。其中，"明蜀王室"主题区以僖王陵为核心，以严谨的空间序列和轴线来表达中国古代宗法制度下的藩王家族严格的等级秩序；"朱熹家族"主题区以朱熹公祠为中心，以祭祀和学习参观为主，弘扬一代大儒朱熹遗风；"林盘聚落"主题区在保留原有川西林盘的基础上建立分散聚落的空间形态，与周边农田相互映衬；"现代家庭"主题区以院落围合的方式进行居住区建筑设计，延续中国传统的家庭聚集形态；"生物群落"主题区以环湖湿地为基础，结合观鸟游览的方式，表现自然之美。

经济技术指标：

风景区			居住区		
	总面积（㎡）	7710809		总面积（㎡）	1687134
	水域面积（㎡）	978454		总建筑面积（㎡）	1939420
	绿地面积（㎡）	6352486		总户数（户）	15206
	硬质面积（㎡）	379869		容积率	1.15
	停车位（个）	9253		绿地率（%）	51.17
	卫生间（个）	30		建筑密度（%）	20.57

微气候调查表

观测点	时间	风速/（m/s）	温度/℃	湿度/RH
山顶观测点-北	10:20	0.07	76.5	21.5
山顶观测点-南	10:57	0.06	64.8	24.3
山腰观测点-北	10:34	0.27	74.3	21.6
山腰观测点-南	11:46	0.10	61.5	24.7
山谷观测点-东	10:38	0.12	74.2	21.7
山谷观测点-西	16:15	0.42	55.7	22.5

陵墓现状统计表

序号	遗存名称	遗存现状
01	僖王陵	地面建筑全毁，有残存遗迹，有封土，地宫已发掘，地宫精美，有大量随葬物品，保护范围已划定
02	昭王陵	地面建筑全毁，有封土，地宫已发掘，有大量随葬物品，保护范围已划定
03	僖王次妃墓	坡地，地面无残存，封土无痕迹，见墓砖，有建筑残件
04	黔江悼怀王陵	现为部队球场，地面无残存，封土无痕迹
05	定王次妃墓	墓口保护性建筑一座，有封土，地宫已发掘，较完整
06	半边坟无名郡王陵	田地，林地，地面无残存，封土无痕迹
07	僖王赵妃墓	耕地，墓中位置成池塘，无封土，见盗洞
08	成王陵	有陵墙，建筑遗迹，存封土，有盗洞痕迹
09	成王次妃墓	苗圃地，坡状无封土，见墓砖残件
10	南川安靖王陵	耕地，无明显封土痕迹
11	怀王陵	竹林坡地，无明显封土痕迹
12	太监墓	墓室已发掘，较完整，有封土

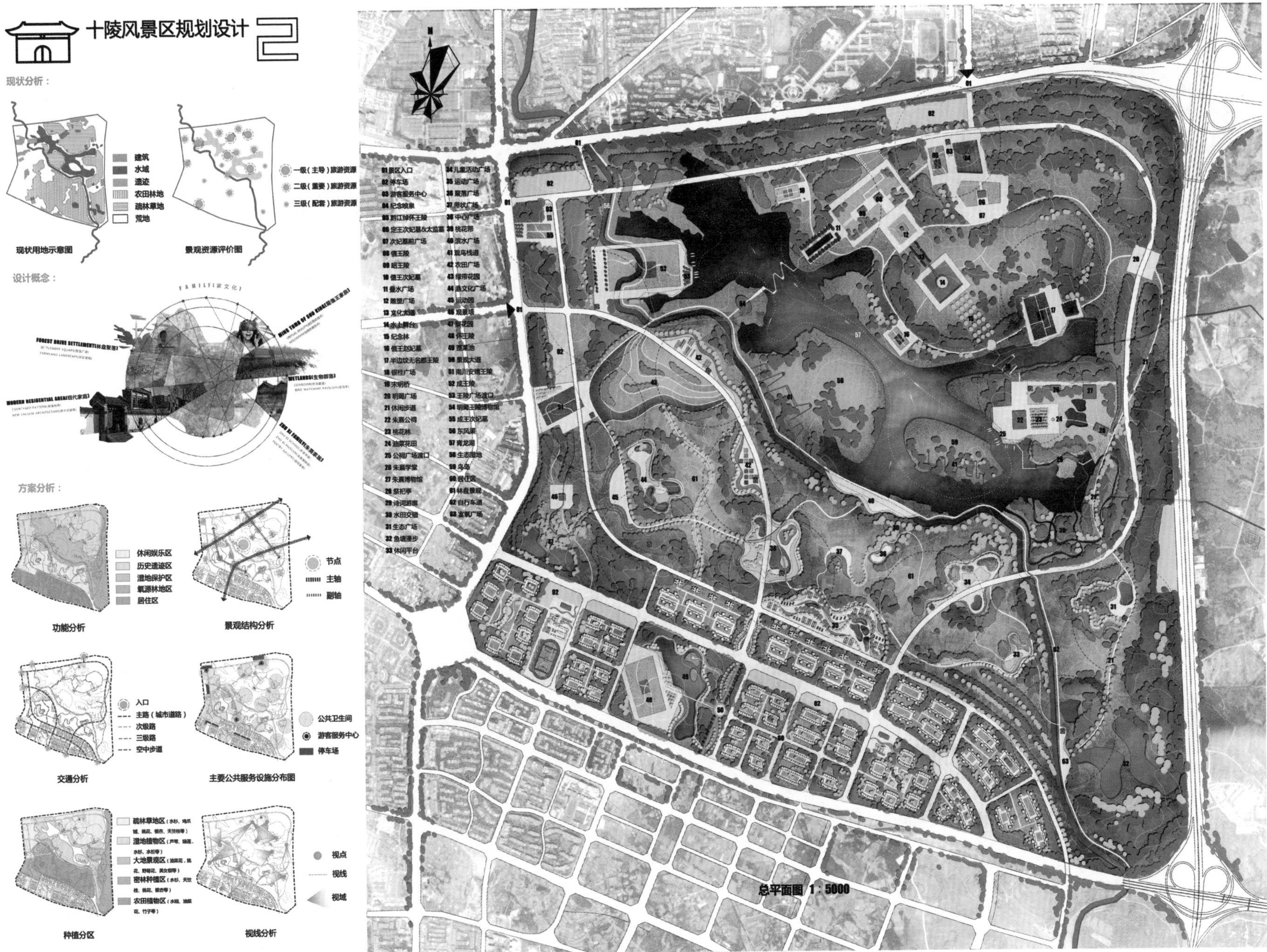
十陵风景区规划设计 2
现状分析：
建筑
水域
遗迹
农田林地
疏林草地
荒地
现状用地示意图
一级（主导）旅游资源
二级（重要）旅游资源
三级（配套）旅游资源
景观资源评价图
设计概念：
FAMILY(家文化)
FOREST DRIVE SETTLEMENT(林盘聚落)
MODERN RESIDENTIAL AREA(现代家庭)
WETLANDS(生物群落)
ZHU XI FAMILY(朱熹家族)
方案分析：
休闲娱乐区
历史遗迹区
湿地保护区
氧源林地区
居住区
功能分析
节点
主轴
副轴
景观结构分析
入口
主路（城市道路）
次级路
三级路
空中步道
交通分析
公共卫生间
游客服务中心
停车场
主要公共服务设施分布图
疏林草地区
湿地植物区
大地景观区
密林种植区
农田植物区
种植分区
视点
视线
视域
视线分析
01 景区入口
02 停车场
03 游客服务中心
04 纪念喷泉
05 黔江悼怀王陵
06 定王次妃墓&太监墓
07 次妃墓前广场
08 僖王陵
09 昭王陵
10 僖王次妃墓
11 叠水广场
12 雕塑广场
13 文化大道
14 水上舞台
15 纪念林
16 僖王赵妃墓
17 半边坟无名郡王陵
18 银桂广场
19 宋明桥
20 明蜀广场
21 休闲步道
22 朱熹公祠
23 桃花林
24 油菜花田
25 公祠广场渡口
26 朱熹学堂
27 朱熹博物馆
28 祭祀亭
29 诗词游廊
30 水田交错
31 生态广场
32 鱼塘漫步
33 休闲平台
34 儿童活动广场
35 运动广场
36 聚落广场
37 带状广场
38 中心广场
39 桃花带
40 滨水广场
41 观鸟栈道
42 农田广场
43 绿带花园
44 渔文化广场
45 运动园
46 观景塔
47 梨花园
48 怀王陵
49 蓬莱池
50 景观大道
51 南川安靖王陵
52 成王陵
53 王陵广场渡口
54 明蜀王陵博物馆
55 成王次妃墓
56 东风渠
57 青龙湖
58 生态湿地
59 鸟岛
60 居住区
61 林盘景观
62 自行车道
63 富氧广场
总平面图 1：5000

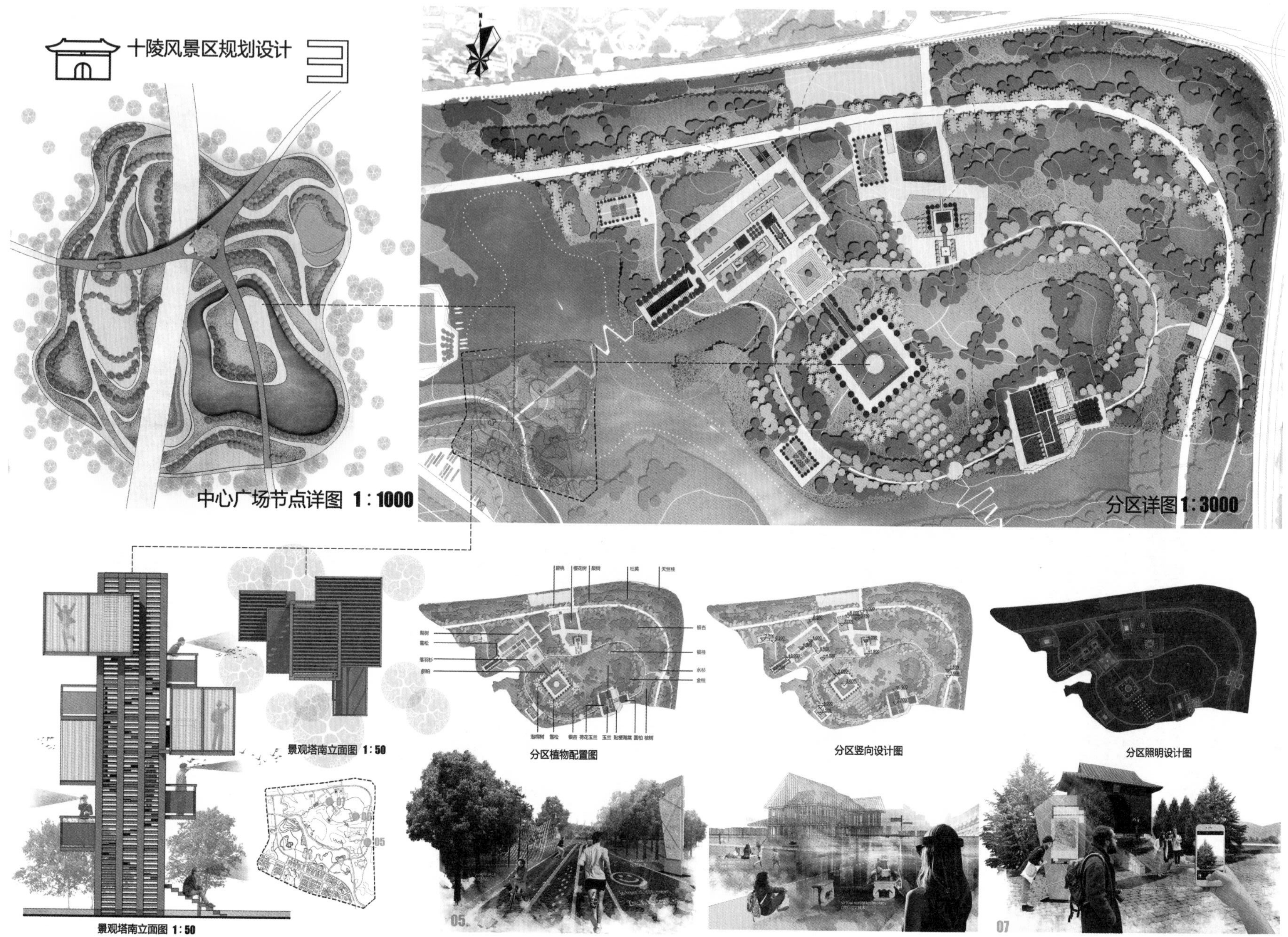

十陵风景区规划设计
中心广场节点详图 1：1000
分区详图 1：3000
景观塔南立面图 1：50
景观塔南立面图 1：50
分区植物配置图
分区竖向设计图
分区照明设计图
05
07

十陵风景区规划设计 01

设计说明：

成都十陵湿地公园北起成洛大道，南至成渝高速，西起蜀王大道，东至绕城高速。面积约 10 平方公里，绿化率高达 80% 以上。青龙湖湿地蓄水面积 1600 余亩。公园为成都中心城区东部最大的“造氧基地”、重要的生态绿地，也是构建城市湖泊水系和城市森林的重要工程，更是成都市民重要的休闲、活动场所。

随着城市的发展，原有的大片湿地萎缩，现状湿地已被周边各种用地包围阻隔，不仅与外界生态系统隔断了联系，更受困于城市当中，因此需采取有效措施，构建完整的湿地系统。场地内群落结构单一、生物多样性较低，恢复退化生物群落、设计合理的群落结构、补水增湿、丰富生物多样性、引导群落自循环与演替是湿地生态恢复的核心和重点内容。促使天然湿地长足可持续发展，是保护湿地、发挥其长久生态功能的意义所在。

本次设计根据调研结果针对场地提出三个问题，通过研究对于问题体现出相应的解决策略，包括：水策略、植物策略、动物策略以及建立圈层结构和以园养园等五大策略来解决场地内存在的问题，从而做到保护城市生态湿地，也让湿地和城市发展之间的关系得以缓和。

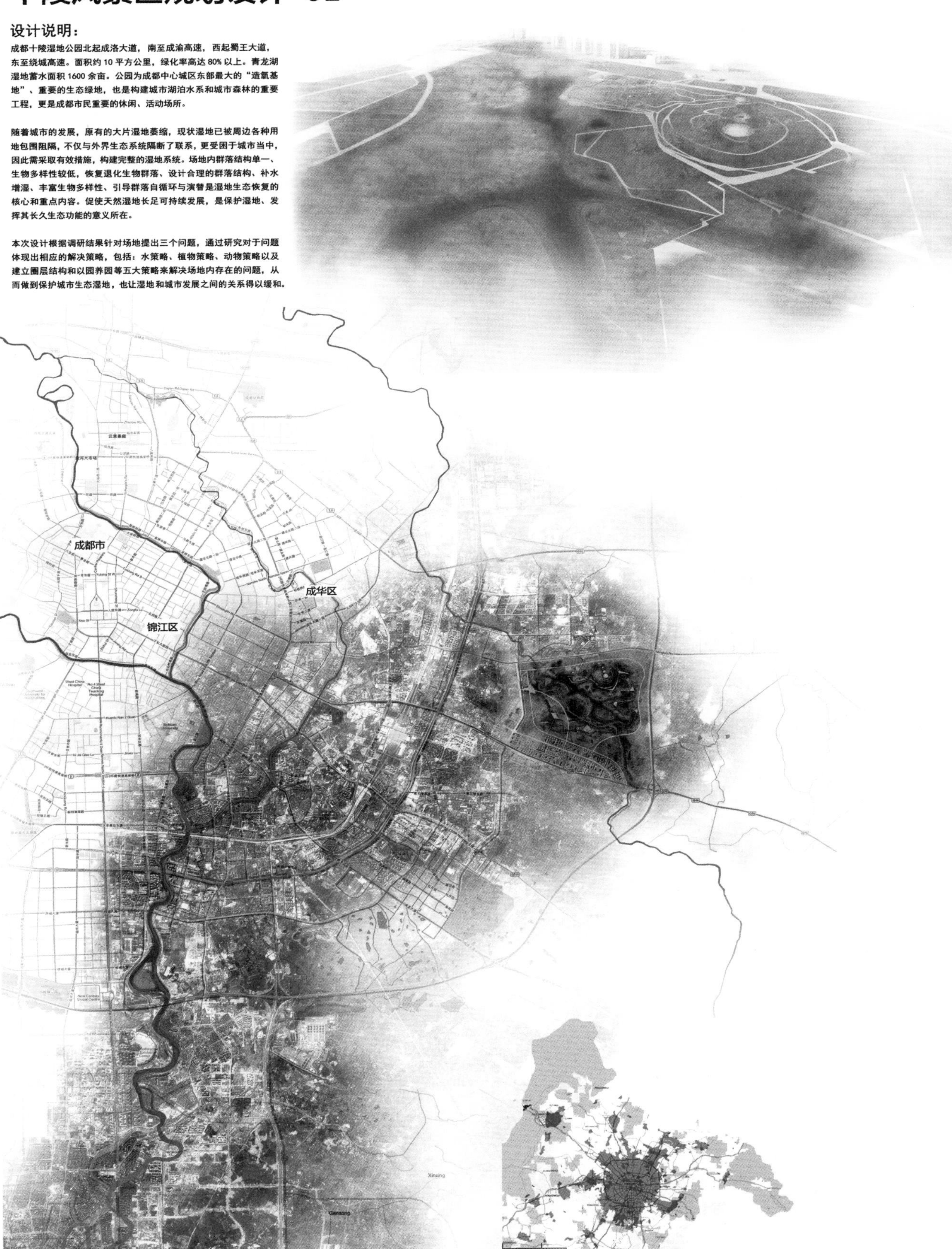

十陵风景区规划设计 02

十陵风景区规划设计 03

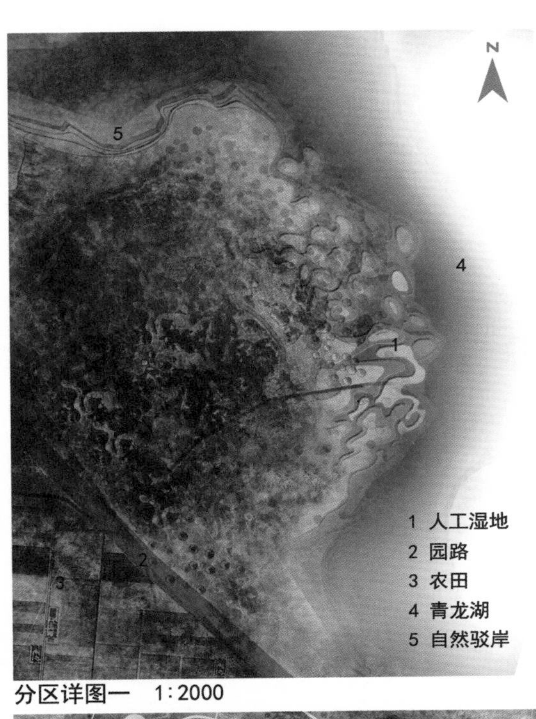

分区详图一 1:2000

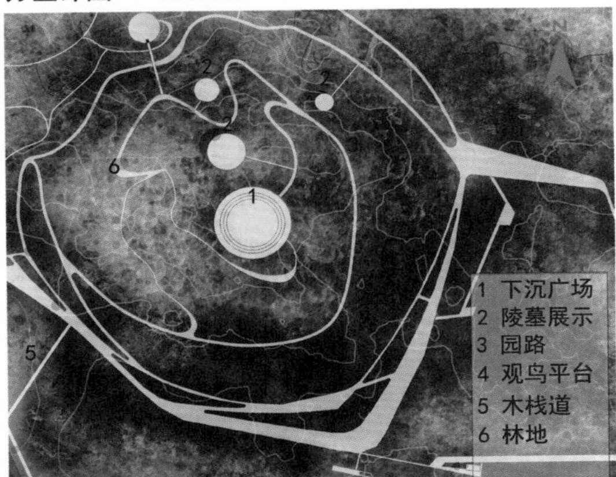

分区详图二 1:3000

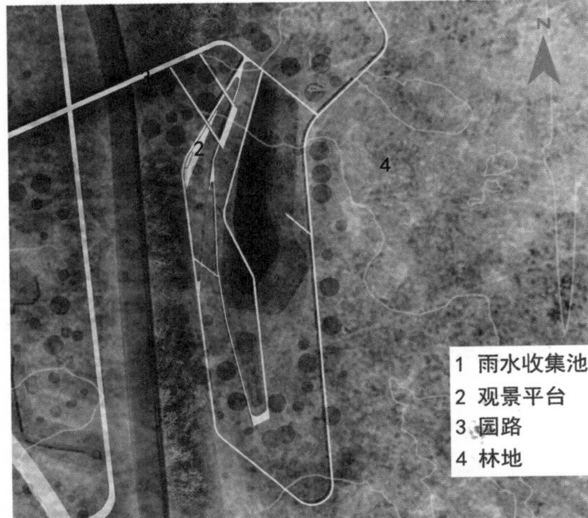

分区详图三 1:2000

局部透视图

驳岸湿地增加

青龙湖原始驳岸 在边缘增加湿地 产生新的滩涂地

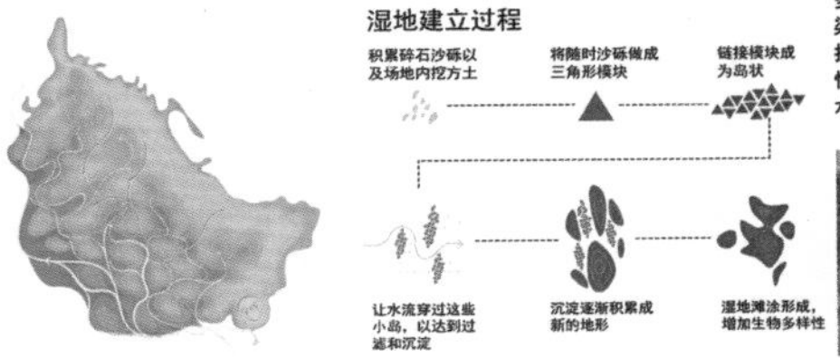

湿地建立过程

新的驳岸湿地

人工湿地形成过程

采用水下局部挖深，构建湿地内生态水网，形成起伏变化的水下环境，在枯水季节低水位时也形成完整的水循环系统，其中局部最低水深可达到12m，其他部分依照现有地形。水源单一依靠东风渠补水，依赖性较强，建议依照以下次序多种方式补水：周边雨水收集、引东风渠补给、市政雨水利用、地下水利用。扩展岸线界面，增强与周边环境的互动性，形成曲线形湿地景观，丰富增长滨水岸线。

局部透视图

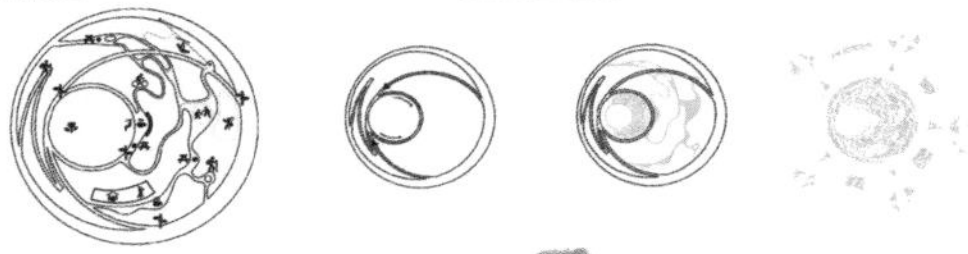

圆形山丘示意图

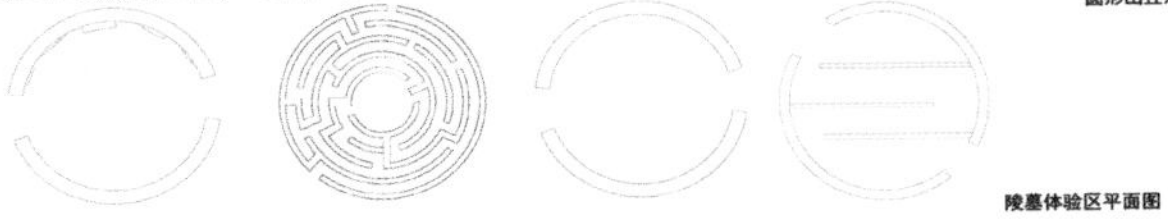

陵墓体验区平面图

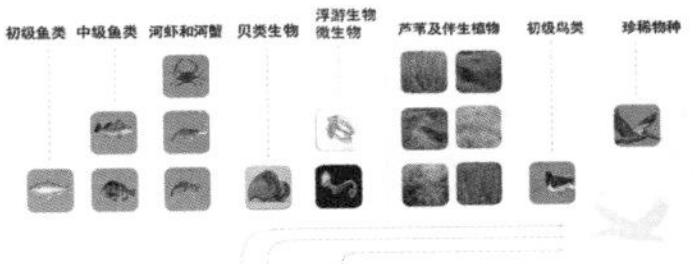

局部透视图

天然湿地植物配置应尽量避免其他优势物种入侵破坏芦苇群落，植物配置原则上选用成都平原其他芦苇群落中的伴生植物，既维持现有芦苇群落的完整性，同时丰富现有芦苇群落的植物多样性。湿地是动物天然理想的栖息地，通过改善湿地环境，分阶段投放动物种类，逐步丰富湿地内的动物群落，从而构建理想、完善的食物链系统。

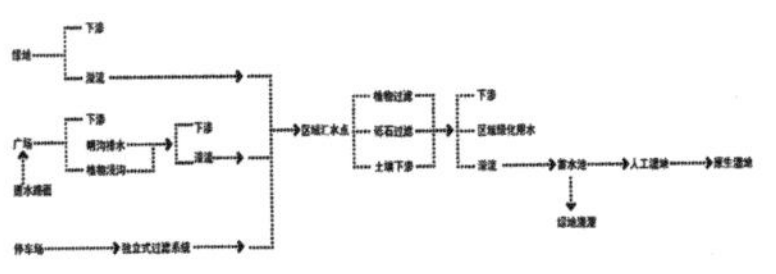

动植物策略

雨水收集示意图

“周末生活”——成都十陵风景区规划

区位分析：

场地位于四川省成都市十陵片区，总占地约10平方公里。成都属于亚热带季风性气候，气候温和湿润，主要吹东北风，是一座年静风率为40%的微风城市。十陵片区因有十座明蜀王的陵墓而得名，基地内现共有十处陵墓遗址，在这些遗址上方不得进行建设和大面积的开挖。场地北部现为青龙湖湿地公园，而南部主要由农田、防护林和荒地组成。

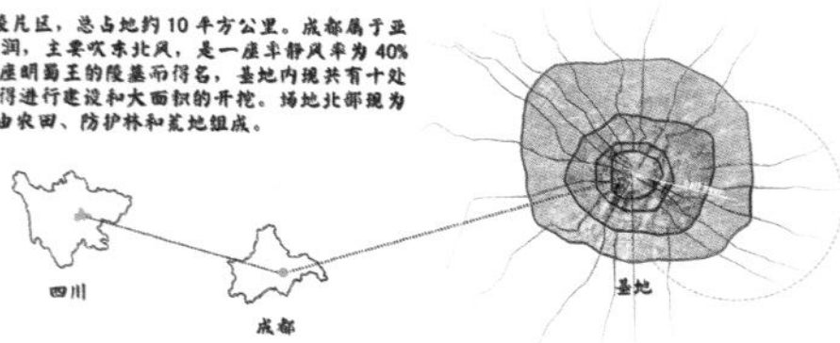

四川　成都　基地

气候分析：

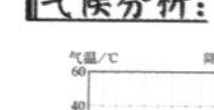

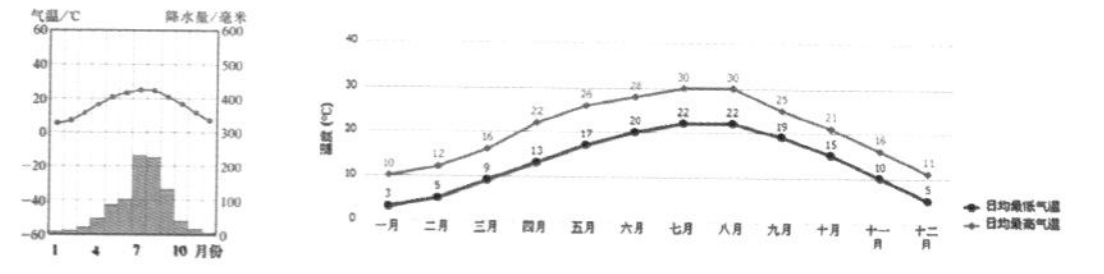

成都年气温降水走势图

成都全年温度曲线图

上位规划：

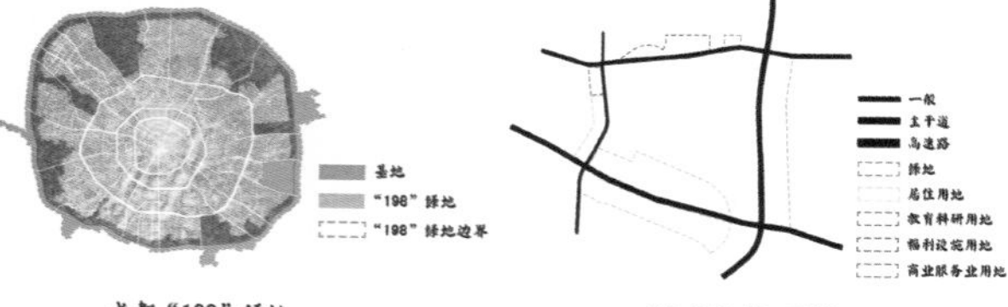

成都“198”绿地　　基地周边用地规划

场地属于成都“198”区域的一部分。“198”区域是指环绕成都中心城区的198平方公里的非建设用地。这一片区分布于成都市中心城区的四周，主要位于三环路之外，外环路以内（包括外环路外侧的500米生态保护带）。整个“198”地区用地分为建设用地和生态用地两大类。建设用地不得用于工业、大型批发市场等；生态用地的用途为农用地，不再新建任何项目；建设用地集中配置，岛式布局。场地东边和南边是高速公路，场地周围用地以居住用地、生态用地和教育用地为主。

场地现状：

用地敏感性分析：

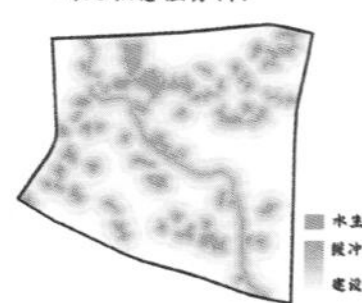

水生态敏感区

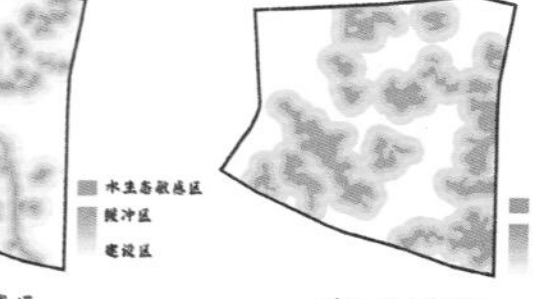

林地生态敏感区

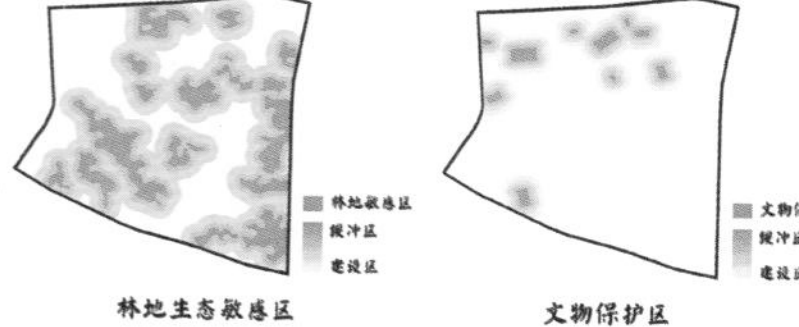

文物保护区

结合自然生态敏感性以及文化生态敏感性的现状分析，通过ArcGIS分析明确生态敏感地区范围限定规划片区开发边界，为用地功能的规划布局提供有力支撑。通过分析，在某项生态敏感性越高的区域在设计的时候尽量维持其原有生态形式，既可以节约建设经费同时还可以保护场地内原有的生态环境，一举两得。

场地最有特色的便是区域内有十处陵墓保护区，在这些保护区的范围内不得进行任何形式的建设和开挖，植物也只能种植根系很浅的种类，大型乔木不能种植，小型乔木也只能少量种植。

用地适应性分析：

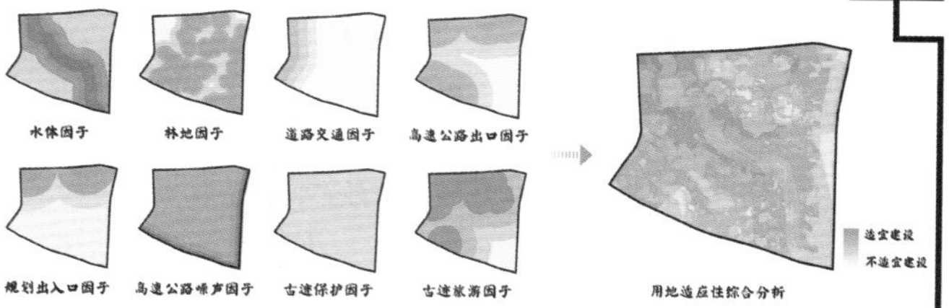

水体因子　林地因子　道路交通因子　高速公路出口因子

规划出入口因子　高速公路噪声因子　古迹保护因子　古迹旅游因子

适宜建设　不适宜建设

用地适应性综合分析

历史文脉：

历史沿革：

1980s：改革开放之初十陵街道是一个落后的农村建制乡，称石岭，是一个传统的农业乡。

1994：随明十陵的发现，原石岭乡在1994年撤乡建镇时，经省人民政府批准，正式更名为十陵镇。

2000：建设了成都大学、十陵客运站等大型项目，经济发展迈入快车道，基础设施日益完善。

2003：开始修建青龙湖湿地公园。

Now：农业人口仅剩一万多，经过不断的建设与改造，农村交通已经四通八达。

基地文化：

理学文化：

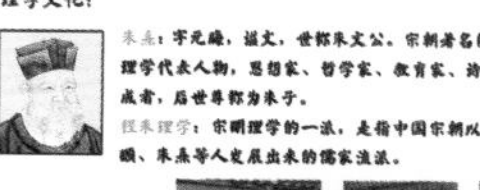

朱熹：字元晦，谥文，世称朱文公。宋朝著名的理学家，程朱理学代表人物，思想家、哲学家、教育家、诗人，儒学集大成者，后世尊称为朱子。

程朱理学：宋明理学的一派，是指中国宋朝以后由程颢、程颐、朱熹等人发展出来的儒家流派。

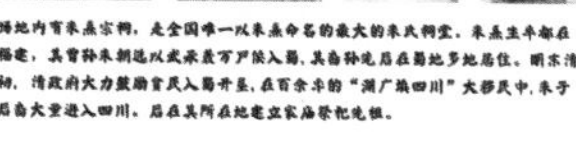

场地内有朱熹宗祠，是全国唯一以朱熹命名的最大的朱氏祠堂。朱熹生平都在福建，其曾孙朱朝选以武承袭万户侯入蜀，其后孙也后在蜀地多地居住。明末清初，清政府大力鼓励贫民入蜀开垦，在百余年的“湖广填四川”大移民中，朱子后裔大量进入四川，后在其所在地建立家庙祭祀先祖。

王陵文化：

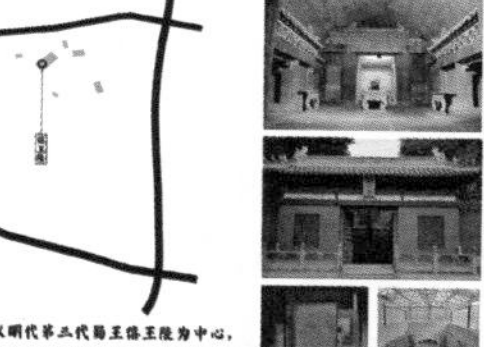

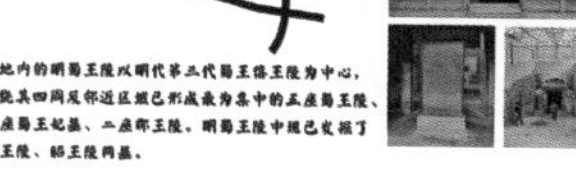

场地内的明蜀王陵以明代第三代蜀王僖王陵为中心，围绕其四周及邻近区域已形成最为集中的三座蜀王陵、三座蜀王妃墓、二座郡王陵。明蜀王陵中现已发掘了僖王陵、昭王陵两墓。

概念生成：

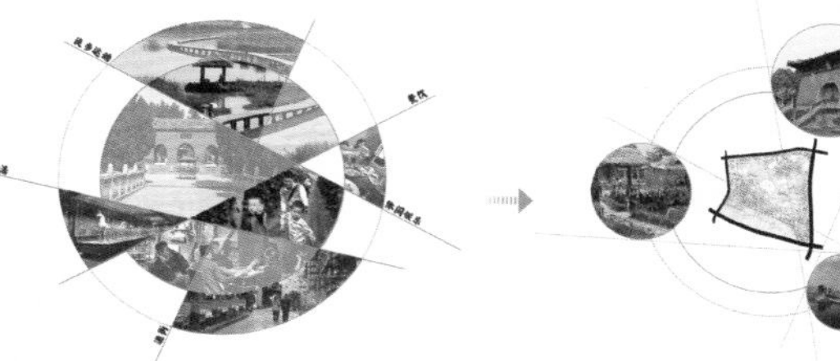

成都市民的周末生活

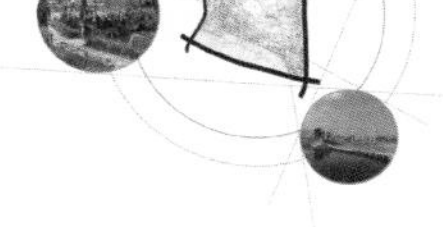

三位一体的周末游览胜地

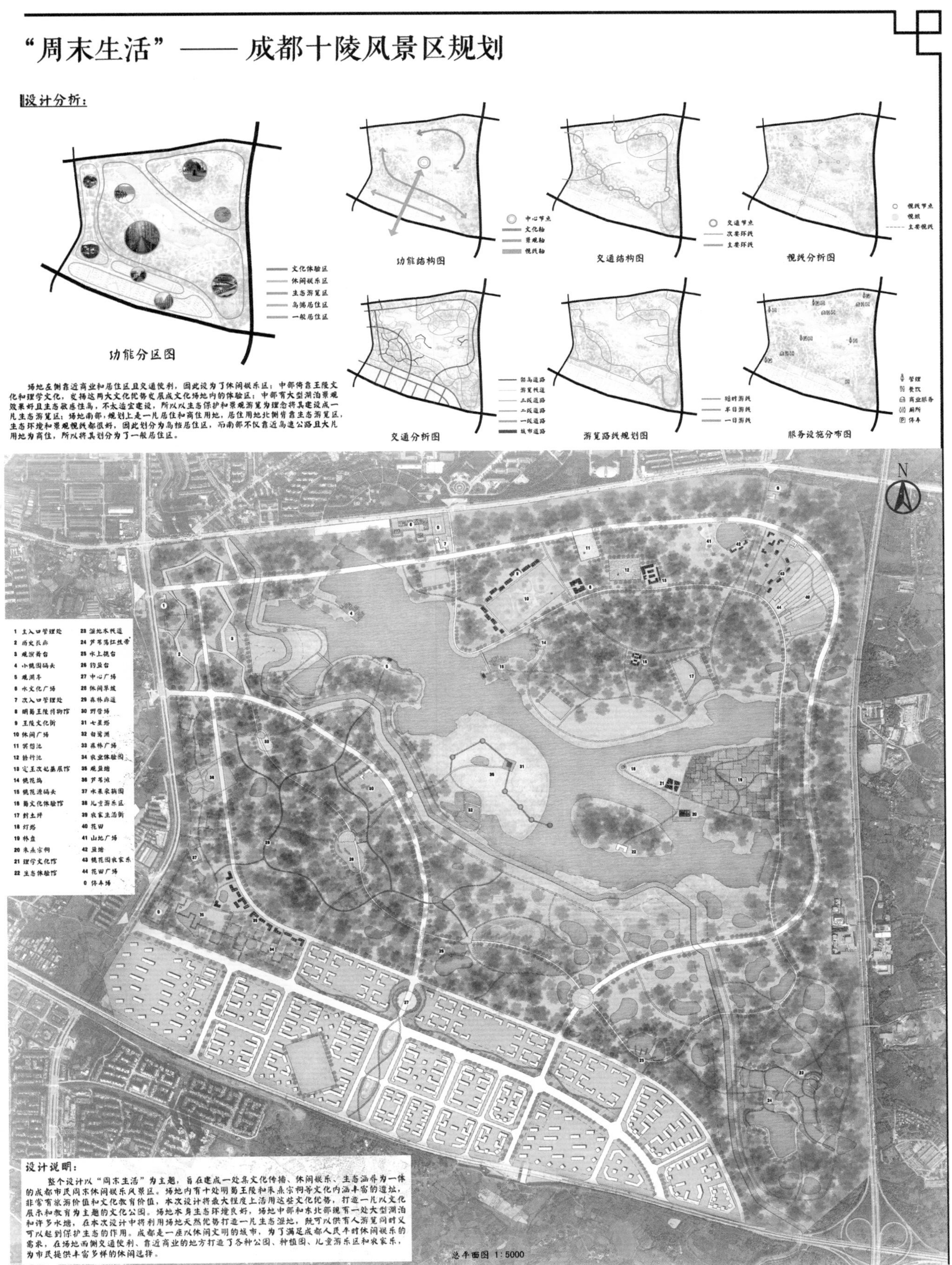
“周末生活”——成都十陵风景区规划
设计分析：
文化体验区
休闲娱乐区
生态游览区
高端居住区
一般居住区
功能分区图
场地左侧靠近商业和居住区且交通便利，因此设为了休闲娱乐区；中部倚靠王陵文化和理学文化，发扬这两大文化优势发展成文化场地内的体验区；中部有大型湖泊景观效果好且生态敏感性高，不太适宜建设，所以以生态保护和景观游览为理念将其建设成一片生态游览区；场地南部，规划上是一片居住和商住用地，居住用地北侧背靠生态游览区，生态环境和景观视线都很好，因此划分为高档居住区，而南部不仅靠近高速公路且大片用地为商住，所以将其划分为了一般居住区。
中心节点
文化轴
景观轴
视线轴
功能结构图
交通节点
次要环线
主要环线
交通结构图
视线节点
视线
主要视线
视线分析图
交通分析图
游览路线规划图
临时游线
半日游线
一日游线
服务设施分布图
管理
餐饮
商业服务
厕所
停车
N
1 主入口管理处
2 历史长廊
3 观演舞台
4 小桃园码头
5 观湖亭
6 水文化广场
7 次入口管理处
8 明蜀王陵博物馆
9 王陵文化街
10 休闲广场
11 冥想池
12 修竹池
13 定王次妃墓展馆
14 桃花岛
15 桃花源码头
16 蜀文化体验馆
17 封土坪
18 灯塔
19 林盘
20 朱燕宗祠
21 理学文化馆
22 生态体验馆
23 湿地木栈道
24 芦苇荡红丝带
25 水上桃台
26 钓鱼台
27 中心广场
28 休闲草坡
29 森林廊道
30 野营场
31 七星塔
32 白鹭洲
33 森林广场
34 农业体验园
35 观鱼塘
36 芦苇湾
37 水果采摘园
38 儿童游乐区
39 农家生活街
40 花田
41 山地广场
42 鱼塘
43 桃花园农家乐
44 花田广场
0 停车场
设计说明：
整个设计以“周末生活”为主题，旨在建成一处集文化传播、休闲娱乐、生态涵养为一体的成都市民周末休闲娱乐风景区。场地内有十处明蜀王陵和朱燕宗祠等文化内涵丰富的遗址，非常有旅游价值和文化教育价值，本次设计将最大程度上活用这些文化优势，打造一片以文化展示和教育为主题的文化公园。场地本身生态环境良好，场地中部和东北部现有一处大型湖泊和许多水塘，在本次设计中将利用场地天然优势打造一片生态湿地，既可以供有人游览同时又可以起到保护生态的作用。成都是一座以休闲文明的城市，为了满足成都人民平时休闲娱乐的需求，在场地西侧交通便利、靠近商业的地方打造了各种公园、种植园、儿童游乐区和农家乐，为市民提供丰富多样的休闲选择。
总平面图 1:5000

分区平面图 1:3000

“周末生活”——成都十陵风景区规划

竖向设计：

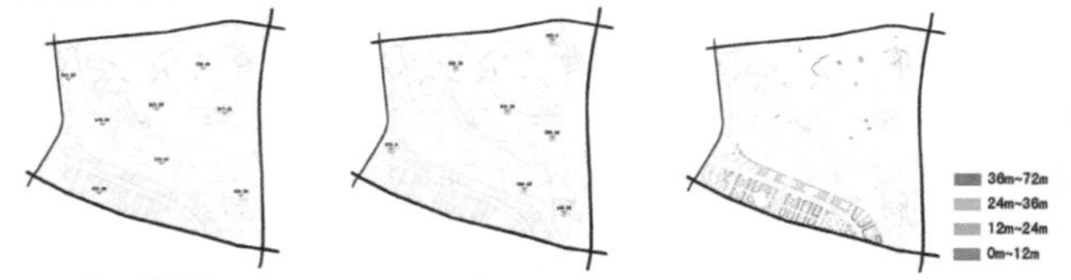

36m~72m
24m~36m
12m~24m
0m~12m

地面竖向设计　水面竖向设计　建筑高度设计

植物配置：

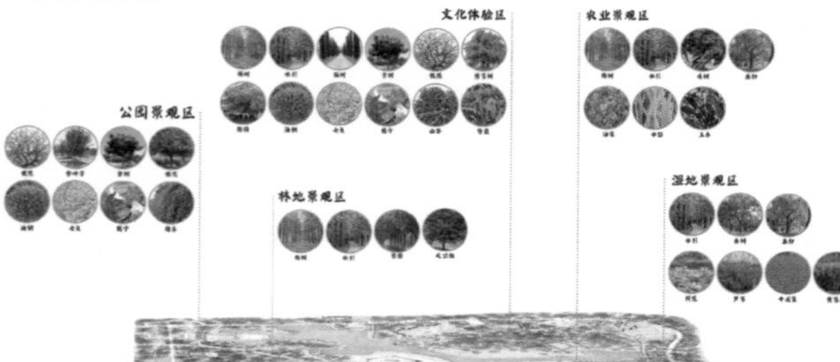

文化体验区　农业景观区　公园景观区　林地景观区　湿地景观区

场地现状主要树种：

效果展示：

儿童娱乐区 　森林廊道

观湖亭 　湖边码头

设计意向：

建筑意向：

公共建筑意向：

乡土建筑意向：

小品意向：

文化展示区小品意向：

休闲娱乐区小品意向：

灯光设计：

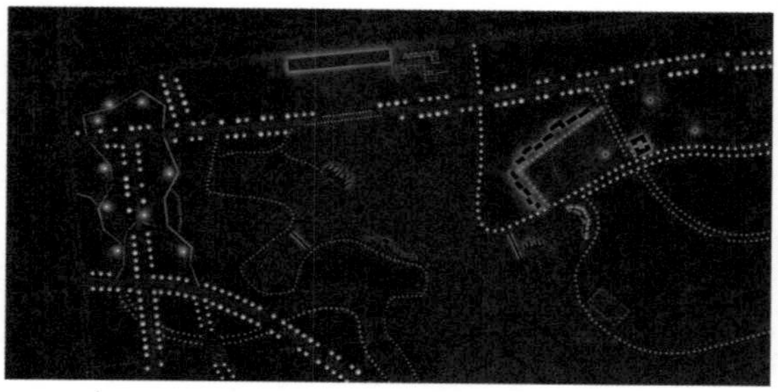

节点设计：

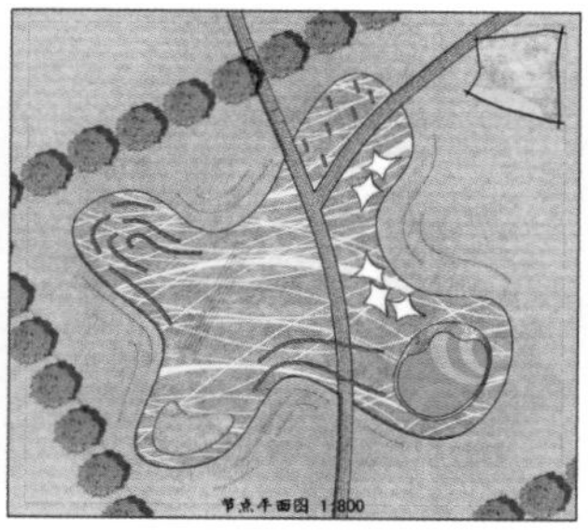

节点平面图 1:800

节点设计说明：

该节点是一处儿童游乐区，位于各个采摘园之间，在采摘活动之余可丰富儿童与父母的活动。活动区整体下沉，四周为涂鸦墙，周围配有草坡和石凳供儿童游乐和休息。下沉部分使塑胶地面，配备迷宫墙、跑道、沙坑、游泳池和休息亭等休闲娱乐设施。

节点意向图：

节点剖面示意图：

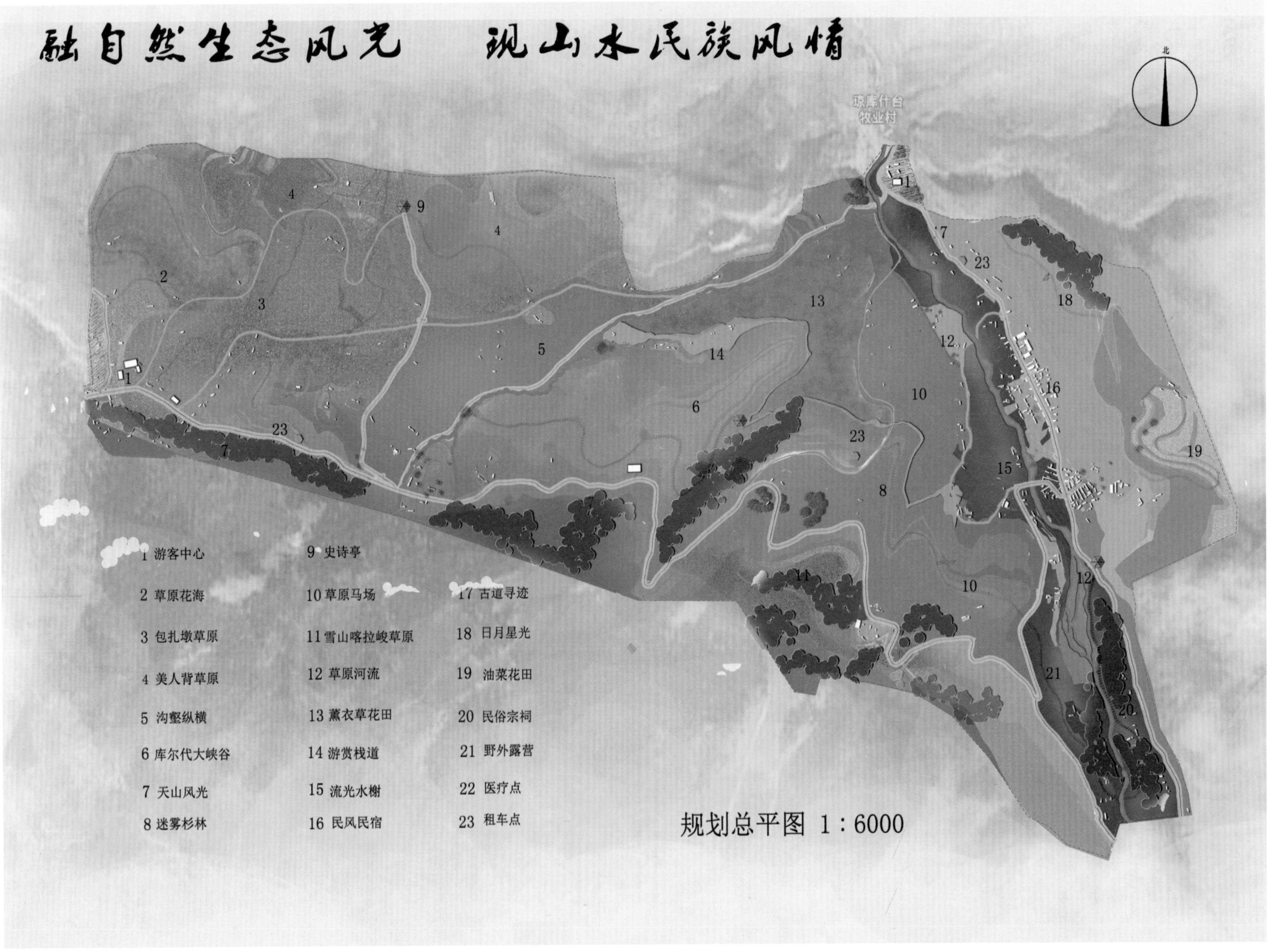
融自然生态风光　观山水民族风情
北
琼库什台
牧业村
1 游客中心
2 草原花海
3 包扎墩草原
4 美人背草原
5 沟壑纵横
6 库尔代大峡谷
7 天山风光
8 迷雾杉林
9 史诗亭
10 草原马场
11 雪山喀拉峻草原
12 草原河流
13 薰衣草花田
14 游赏栈道
15 流光水榭
16 民风民宿
17 古道寻迹
18 日月星光
19 油菜花田
20 民俗宗祠
21 野外露营
22 医疗点
23 租车点
规划总平图 1：6000

融自然生态风光 现山水民族风情

项目简介

基地范围

琼库什台村位于新疆维吾尔自治区特克斯县喀拉达拉乡，距离特克斯县城43公里。村落东与喀拉托海乡为邻，西与阔克苏河临近，南与军马场、农四师78团接壤，北临巩留县。"库什台"意思是"有很多老鹰的地方"

社会条件分析

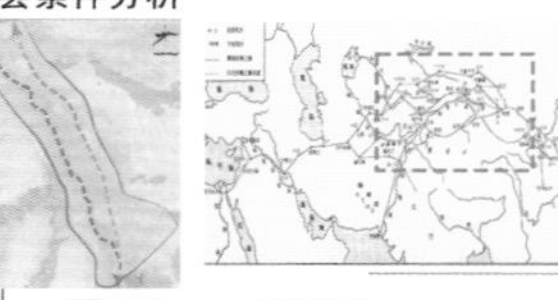

乌孙古道连接伊犁河谷、喀拉峻大草原与南疆地区枢纽，历史上琼库什台村作为乌孙古道的起点，具有重要的政治和军事地位。

人口类型 民族类型

•农业人口 •非农业人口 ■哈萨克族 ■其他民族

独特的新疆西部地域文化浓郁的哈萨克民族风情

传统表演艺术	哈萨克族歌舞（唱史诗、阿肯弹唱等）；体育活动（赛马、摔跤、姑娘追、叼羊、鹰猎等）
民俗活动	哈萨克族歌舞（唱史诗、阿肯弹唱等）；体育活动（赛马、摔跤、姑娘追、叼羊、鹰猎等）
传统手工艺	金银铜铁手工艺、木器手工艺、皮毛手工艺、雕刻手工艺、擀毡子
特色饮食	那仁、包吾尔萨克、胡吾尔达克奶酪
人生礼仪	诞生礼、摇篮礼、满月礼、割礼婚礼

规划方法

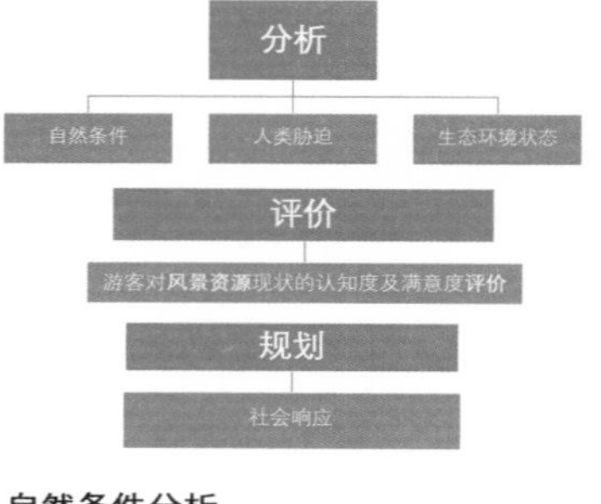

CPSR 模型的规划方法：

CPSR 区域生态评价模型结合风景区生态环境规划的特点与需要，采用四个层面三个步骤的规划框架。四个层面分别是：自然条件、人类胁迫、生态环境状态以及社会响应。三步骤就是："分析——评价——规划"。

景点分布与景源评价

景区分级比例

评价		评价因子		天景：草原日出	天景：雾凇	天景：星空	地景：天山	地景：沟壑	地景：草原	地景：库尔代大峡谷	水景：琼库石台河	水景：库尔代河	水景：雪岭云杉
景源价值	70分	(1)欣赏价值	30	23	21	24	26	23	29	28	28	25	26
		(2)科学价值	15	8	7	9	9	8	12	10	9	11	9
		(3)历史价值	10	7	5	8	6	5	7	7	7	6	9
		(4保健	5	4	3	2	3	3	3	3	4	3	3
		(5)游憩	10	9	8	9	6	5	8	6	8	7	8
环境水平	20分	(1)生态特征	10	5	5	6	8	6	8	8	8	7	7
		(2)环境质量	5	4	3	4	4	3	4	4	4	4	5
		(3)设施状况	2	0	0	0	1	1	1	1	1	1	0
		(4)监护管理	3	0	0	0	1	1	2	1	1	1	0
利用条件	5分	(1)交通通讯	2	1.5	1	1.5	1	1	1	1	1	1	1
		(2)食宿接待	1	0.5	0.5	0.5	1	1	1	1	1	1	0.5
		(3)客源市场	1	0.8	0.7	0.8	1	1	1	1	1	1	0.9
		(4)运营管理	1	0.2	0.2	0.3	1	1	1	1	1	1	0.4
规模范围	5分	(1)面积	1	0.2	0.1	0.3	1	1	1	1	1	1	0.4
		(2)体量	1	0.8	0.5	0.7	1	1	1	1	1	1	0.6
		(3)空间	2	1	0.8	1.2	2	1	1	1	1	1	1.4
		(4)容量	1	0.8	0.6	0.9	1	1	1	1	1	1	0.7
总分 100分				65.8	56.4	67.7	73	63	82	76	78	73	72.4
分级				二级	三级	二级	二级	二级	一级	二级	二级	二级	二级

评价		评价因子		生景：榆树、古树	生景：梯田	生景：草原花海	生景：风吹麦浪	生景：薰衣草花田	生景：民居毡房	木构建筑群	地文景观：石桥，木桥	地文景观：牧草草垛	地文景观：馕坑
景源价值	70分	(1)欣赏价值	30	23	21	25	22	24	15	20	10	5	13
		(2)科学价值	15	8	7	7	9	8	8	8	5	3	8
		(3)历史价值	10	9	8	7	7	8	4	7	3	3	7
		(4保健	5	4	4	4	4	4	2	2	1	0	3
		(5)游憩	10	7	7	6	8	8	7	7	6	3	4
环境水平	20分	(1)生态特征	10	6	7	8	8	7	5	5	6	7	4
		(2)环境质量	5	4	3	3	3	4	5	5	5	7	5
		(3)设施状况	2	0	0	0	0	0	1	1	1	0	1
		(4)监护管理	3	0	1	0	0	0	1	2	1	0	2
利用条件	5分	(1)交通通讯	2	1	1	0.5	1	1	0	1	0	0	0
		(2)食宿接待	1	0.5	0.5	0	0.5	0.5	1	1	0	0	1
		(3)客源市场	1	0.8	0.7	0.8	0.7	0.6	1	1	0	0	0
		(4)运营管理	1	0.5	0.4	0.2	0.3	0.4	0	1	1	0	1
												0	2
规模范围	5分	(1)面积	1	0.1	0.2	0.4	0.2	0.2	0	1	0	1	1
		(2)体量	1	0.1	0.2	0.6	0.3	0.2	0	1	1	0	1
		(3)空间	2	0.6	0.5	1.2	1	0.8	1	1	0	0	1
		(4)容量	1	0.4	0.5	0.9	0.6	0.6	0	1	0	0	1
总分 100分				64.5	61.5	64.6	65.6	67.3	51	65	40	29	55
分级				二级	二级	二级	二级	二级	三级	二级	三级	三级	三级

自然条件分析

地质地貌

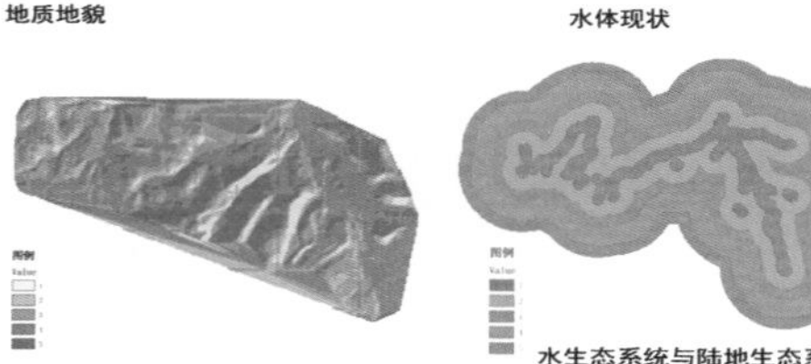

琼库什台村三面环山，河谷地势平坦，牧草丰茂，植被覆盖好，有利于牧业生产。

水体现状

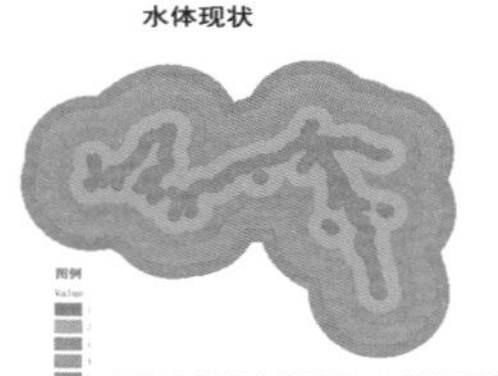

水生态系统与陆地生态系统相接的缓冲区，是重要的生物栖息地和交流通道。可为动植物提供生态栖息地，为场地增加活力。

坡度分析

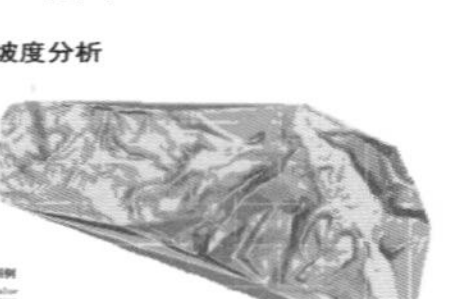

坡度是影响水土流失的重要因素，陡坡一般植被条件好一旦破坏不易恢复，可能造成严重的水土流失，设计时应以保护区为主，如规划为保护区。

坡向分析

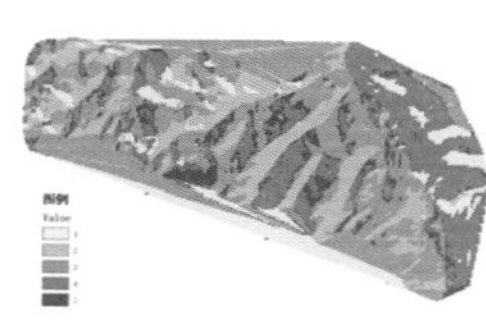

南向坡度具有较好的光照条件，可在此设计小型服务设施。

绿地现状

邻新疆天山世界自然遗产，具有典型而独特的自然奇观与依山傍水的垂直自然景观格局。

生态适宜性

极适宜建设用地 ——三级保护区
适宜建设用地 ——二级保护区
不适宜建设用地
极不适宜建设用地 ——一级保护区

自然因子分析图、人文因子分析图叠加在一起综合分析考虑，景观性很强而生态最脆弱、最不能被破坏的部分就是需要重点保护的部分，由此将风景区的保护规划分为三级，山体是该生态系统最为脆弱的部分属于一级保护区。

评价因子	子因子	权重
自然条件	坡度（0.1） 坡向（0.1） 高程（0.3） 山体阴影（0.2）	0.6
人文条件	交通（0.1） 滨水（0.05） 城市氛围（0.05） 生态保护（0.2）	0.4
合计		1

二级保护区包括滨水带及大面积林地和草原。

其他区域属于三级保护区，对此区域的保护同样以不破坏原有生态环境为原则。

生态环境评价

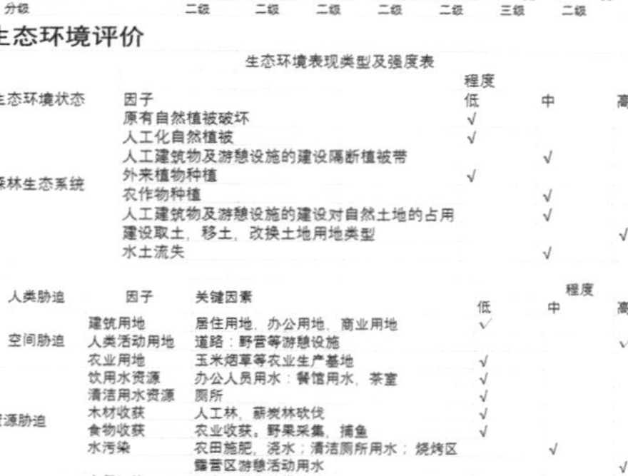

生态环境表现类型及强度表

生态环境状态	因子	程度：低	中	高
	原有自然植被破坏	√		
	人工化自然植被	√		
	人工建筑物及游憩设施的建设隔断植被带		√	
森林生态系统	外来植物种植	√		
	农作物种植		√	
	人工建筑物及游憩设施的建设对自然土地的占用		√	
	建设取土、移土、改换土地用地类型			√
	水土流失		√	

人类胁迫	因子	关键因素	程度：低	中	高
空间胁迫	建筑用地	居住用地、办公用地、商业用地	√		
	人类活动用地	道路：野营等游憩设施			√
资源胁迫	农业用地	玉米烟草等农业生产基地	√		
	饮用水资源	办公人员用水：餐馆用水、茶室	√		
	清洁用水资源	厕所	√		
	木材收获	人工林、薪炭林砍伐	√		
	食物收获	农业收获，野果采集、捕鱼	√		
环境干扰胁迫	水污染	农田施肥、浇水；清洁厕所用水；烧烤区		√	
		露营区游憩活动用水			√
	空气污染	游客二氧化碳排放量		√	
	土壤污染	垃圾堆放			
	噪声污染	游客的游憩活动		√	
	植被破坏	景观改造、游客破坏		√	
	地表践踏	游客活动			√

设计说明

通过历史文化名村保护规划与村庄建设规划，完善琼库什台村的保护结构、要素与具体措施，使历史文化名村保护、村庄建设发展与居民生活环境改善三者相协调，成为："生态环境独特、民族风情浓郁、生活及旅游服务设施完备，以历史文化名村保护为核心，兼顾旅游发展的新疆哈萨克族古村落"。

本方案的规划与设计基于对现状自然条件、社会条件、生态环境评价的综合分析，以CPSR理论模型为依据，旨在规划设计出一个既能与生态环境协调，又能体现当地文化的风景区。

游客容量计算

最大日游客容量=42135+15792+19658+16956+17084=11.1625万人

库尔代峡谷景观区	参数值	容量
游览面容量	游览面积 890583m² 合理密度 200m²/人	面积瞬时容量 4452人
	游览时间 4h 开放时间 12h	面积日容量 13356人
游览线容量	游览线路 2000m 合理间距 4m	步行道路瞬时容量 500人
	游览速度 1200m/h 开放时间 12h	步行道路日容量 3600人
游览区容量合计		瞬时容量 4952人 日容量 16956人

云山森林景观区	参数值	容量
游览面容量	游览面积 614302m² 合理密度 200m²/人	面积瞬时容量 3071人
	游览时间 3h 开放时间 12h	面积日容量 12284人
游览线容量	游览线路 3000m 合理间距 3m	步行道路瞬时容量 1000人
	游览速度 1200m/h 开放时间 12h	步行道路日容量 4800人
游览区容量合计		瞬时容量 4071人 日容量 17084人

美人背景观区	参数值	容量
游览面容量	游览面积 2489058m² 合理密度 200m²/人	面积瞬时容量 12445人
	游览时间 4h 开放时间 12h	面积日容量 37335人
游览线容量	游览线路 4200m 合理间距 3m	步行道路瞬时容量 1400人
	游览速度 1200m/h 开放时间 12h	步行道路日容量 4800人
游览区容量合计		瞬时容量 13845人 日容量 42135人

天山景观区	参数值	容量
游览面容量	游览面积 1267206m² 合理密度 400m²/人	面积瞬时容量 3168人
	游览时间 3h 开放时间 12h	面积日容量 12672人
游览线容量	游览线路 3200m 合理间距 5m	步行道路瞬时容量 640人
	游览速度 1300m/h 开放时间 12h	步行道路日容量 3120人
游览区容量合计		瞬时容量 3808人 日容量 15792人

游客服务中心设计

游客中心效果图

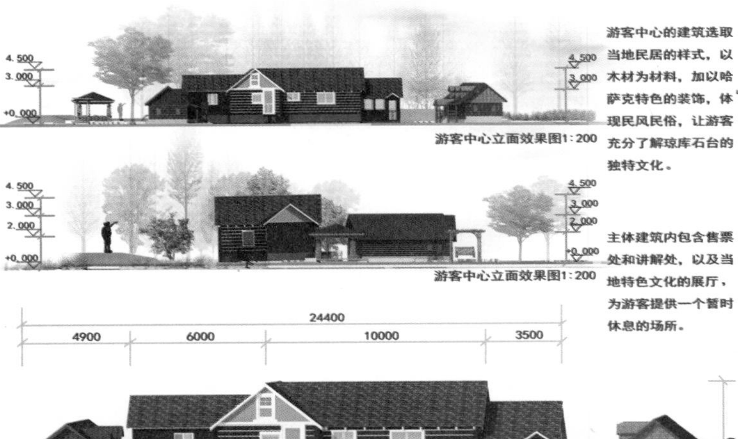

游客中心立面效果图1:200

游客中心立面效果图1:200

游客中心建筑设计 单位：mm

游客中心的建筑选取当地民居的样式，以木材为材料，加以哈萨克特色的装饰，体现民风民俗，让游客充分了解琼库石台的独特文化。

主体建筑内包含售票处和讲解处，以及当地特色文化的展厅，为游客提供一个暂时休息的场所。

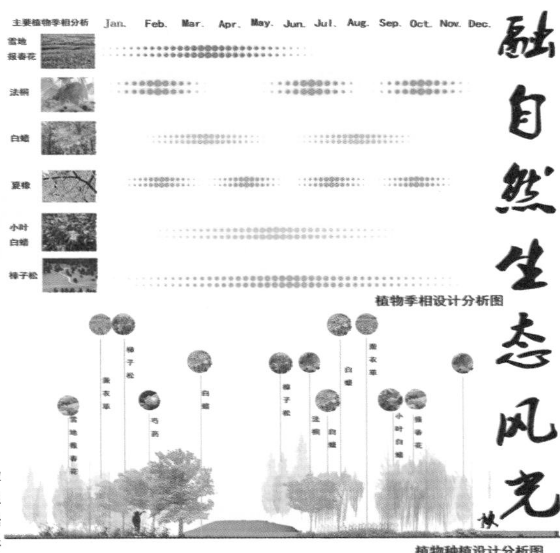

植物季相设计分析图

植物种植设计分析图

主要的植物选择当地特色植物：樟子松、白蜡、小叶白蜡、法桐、雪地报春花、芍药、薰衣草。通过不同季相乔灌草的搭配，营造层次丰富、颜色变化多样的植物观赏空间，同时也可以加强游人对当地特色植物的了解。

喷泉广场效果图

游客服务中心设计
融自然生态风光 现山水民族风情
1 游客中心
2 入口广场
3 景观凉亭
4 健身步道
5 格子铺装
6 健身设施
7 停车场
8 小山丘
9 休闲广场
10 活动中心
11 健身广场
12 儿童活动场
13 体育场
14 喷泉水景
15 草原
游客中心平面图 1:800
功能分区
游客接待区
健身娱乐区
文化休闲区
功能分区分析图
游客接待区包括游客中心、庭院和入口广场，主要是为游客提供接待的场所。健身娱乐区包括一些儿童游乐设施、喷泉广场健身步道等，为游客提供一个放松娱乐的场所。文化休闲区包括文化活动中心和休闲广场，可让游人了解当地特色文化。
铺装设计
自然石
广场砖
剁斧石
文化石
樟木板
植草砖
铺装设计分析图
根据对使用者偏好的评价结果可知，游客偏向自然材质、与当地环境色彩相融合的铺装。因此，主要选择的铺装种类以自然材质为主：天然卵石、剁斧石、木材等，其肌理和色彩都给人融合自然的感觉。
景观结构
主要的景观节点是游客中心，包括具有哈萨克风情的建筑和广场，次要节点分别是喷泉广场和文化活动广场。
三个承担着接待、娱乐、休闲的广场由景观轴线连接，视线上可相互交流。
主要景观节点
次要景观节点
景观轴线
景观结构分析图
道路系统
主干道连接各景区，为主要的车行道，次干道主要将三个主要的景点连接，支路为主要的人行步道。
主干道
次干道
支路
停车场
道路交通分析图
小品设施
通过对使用者的偏好的调查可知，游客偏向自然材质的小品。
因此不论是导视牌还是凉亭都选了木材，休息座椅以石材为主，色彩接近当地建筑，体现独特哈萨克风情。
景观凉亭
导览牌
石质桌椅
导览牌
石质桌椅
导览牌
景观小品分析图
游客中心后庭院效果图

游客对现状景观满意度评价

很满意 2　满意1　一般 0　不满意-1　很不满意-2

	项目因子	道路样本					水体样本					建筑样本				
		1	2	3	4	5	6	7	8	9	10	11	12	13	14	15
生态	幽静感	2	2	2	2	2	2	2	1	0	2	1	1	0	2	1
	协调感	1	1	0	1	0	1	0	-1	1	0	1	0	-1	0	1
	生态敏感度	0	-1	-1	0	0	0	1	2	0	-1	1	1	-1	0	1
	物种丰富度	-1	0	-1	0	0	1	2	0	1	0	1	2	1	1	0
文化空间	人文气息	1	0	1	-1	1	1	1	2	0	1	2	1	0	1	1
	空间感	0	1	-1	0	1	1	0	-1	-1	0	1	2	1	0	1
	愉悦感	1	2	0	1	-1	1	2	1	0	1	1	1	0	1	-1
	吸引力	0	-1	0	0	1	1	1	0	2	1	2	1	1	2	1
活力	光感	2	1	0	1	0	0	-1	1	0	-1	2	1	1	0	1
	层次感	-1	0	-1	1	0	-1	-1	0	1	1	1	2	1	0	1
	韵律感	2	2	1	0	1	1	0	-1	0	-1	1	0	1	1	2
	变化	1	-1	-1	1	0	-1	1	0	-1	0	1	1	-1	0	0
整体	距离感	0	1	-1	1	0	0	1	-1	0	1	1	1	0	1	-1
	连续度	1	2	1	2	2	1	1	-1	0	1	-1	0	1	0	0
	整齐感	1	0	2	1	0	1	0	0	-1	1	1	2	1	0	1
	独特性	1	-1	0	-1	0	0	0	-1	0	1	1	-1	0	1	0

很满意 2　满意1　一般 0　不满意-1　很不满意-2

	项目因子	植物样本					地形样本					小品样本				
		16	17	18	19	20	21	22	23	24	25	26	27	28	29	30
生态	幽静感	1	0	-1	0	1	2	1	2	1	2	0	-1	1	0	-1
	协调感	-1	0	-1	-2	0	1	2	2	2	1	-1	0	1	-1	0
	生态敏感度	0	-1	0	-1	-1	1	0	-1	1	0	0	-1	-1	1	0
	物种丰富度	0	-1	1	0	-1	2	1	0	2	1	0	-1	1	-1	0
文化空间	人文气息	1	0	1	-1	1	2	1	2	1	2	0	-1	1	0	0
	空间感	0	1	0	-1	0	2	2	1	1	0	0	-1	0	-1	-1
	愉悦感	1	0	-1	-1	0	2	1	0	2	1	0	-1	0	1	-1
	吸引力	0	-1	1	0	-1	2	1	1	0	2	-1	1	0	-1	0
活力	光感	1	0	-1	1	0	2	1	1	2	1	0	1	0	-1	0
	层次感	1	0	-1	1	0	1	2	1	1	2	0	-1	1	0	-1
	韵律感	1	0	-1	1	0	2	1	1	1	2	-1	0	1	0	-1
	变化	-1	1	0	0	-1	1	2	1	2	2	0	-1	1	0	-1
整体	距离感	1	0	0	-1	0	2	1	2	1	2	0	-1	1	0	0
	连续度	-1	0	0	-1	0	1	1	2	1	2	0	-1	0	1	-1
	整齐感	-1	0	-1	-1	0	0	1	2	1	1	0	-1	0	-1	0
	独特性	1	1	0	1	1	2	1	2	0	1	1	0	-1	-1	0

此评价采取问卷调查的方式。共选取了道路、水体、建筑、植物、地形、小品六类景观元素。每类又分别选取了5个样本，以图片形式展示给问卷填写者。评价的指标包括生态、文化空间、活力、整体几个方面。通过游客对现状景观的满意度评价，可得知现存的问题以及游客偏好的形式，为规划提供理论依据。

样本举例

样本举例

现状景观道路景观样本的得分整体上高于平均值，其中在幽静感、韵律感、连续度方面的得分较高，能和周围自然生态的环境很好地融合在一起，但所反映出的评价值中除了吸引力、人文气息较好外，空间因子、生态因子和活力因子都低于平均值。

样本举例

样本举例

可以看出植物景观样本的评分低于平均水平，除了具有独特性外，生态因子、人文因子、活力因子都很缺乏. 小品虽然人文因子评价较高，但所有因子都低于平均值，主要是由于特色性不强，没有考虑到游人需求，需要在规划中加以改进。

样本举例

样本举例

风景区中主要水体景观样本除了活力因子和生态因子稍高一点之外，其他各因子的评价都远低于平均值。在评价中大部分评价因子都高于同类型的平均水平而深受使用者欢迎，说明风景区中的原有地形景观有很大的保护和借鉴意义。

规划理念

在前文的使用者对景观资源现状的满意度评价中可以得知，使用者对风景区中自然生态型景点和民族特色型景点的建设有很大的景观需求。因此，要在总体规划的过程中，实现以保护原生态为基础的、具有民族风情的，同时满足使用者景观需求的风景区规划。

由此确定以“融自然生态风光，现山水民族风情”为理念，运用使用者偏好的景观形式，哈萨克族的民族元素为表现载体，营造出野趣生动的空间环境和自然生态的景观风格。既统一于景区的整体风格，又创造出独具民族特色的景点，并以此提升整个风景区的旅游质量。

融自然生态风光

现山水民族风情

功能分区

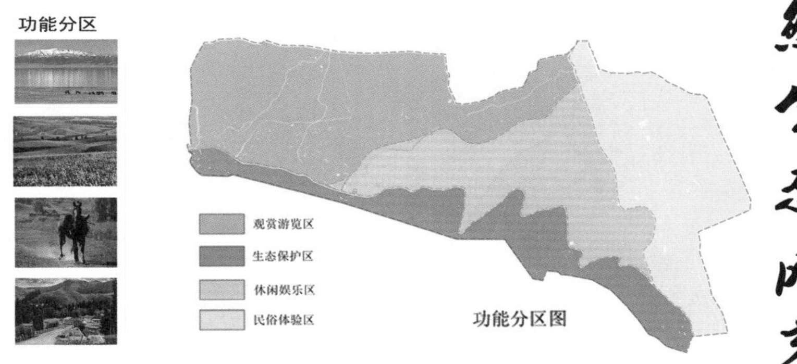

结合前文的景源分级，规划保护分级以及理念定位等，将整个风景区划分为四个功能分区。

生态保护区
其中生态保护区是再次强调了分级保护规划中的一级保护区。

休闲娱乐区
休闲娱乐区主要指能进行参与式的旅游休闲活动的功能区。

观光游览区
观光游览区是指在可以进行适度旅游建设开发的范围中，规划以游览观赏为主要旅游活动。

民宿体验区
包括民风民俗，毡房民宿等，为游客营造极具哈萨克风情的功能区，能够充分体验民族风情。

景观分区

美人背草原景区
库尔代峡谷景区
云杉森林景区
天山景区
乌孙古道景区

景观分区

景观结构

人文景观轴线
自然景观轴线
主要景观节点（峡谷风光）
次要景观节点（草原花海）
主要景观节点（民俗民宿）

景观结构图

根据不同景点的分布位置，结合哈萨克人的民族活动等各种民族风情，在功能分区的基础上，进行了具有特色的景观分区规划：美人背草原景观区、库尔代峡谷景观区、云山森林景观区、天山景观区和乌孙古道景区。

道路系统规划

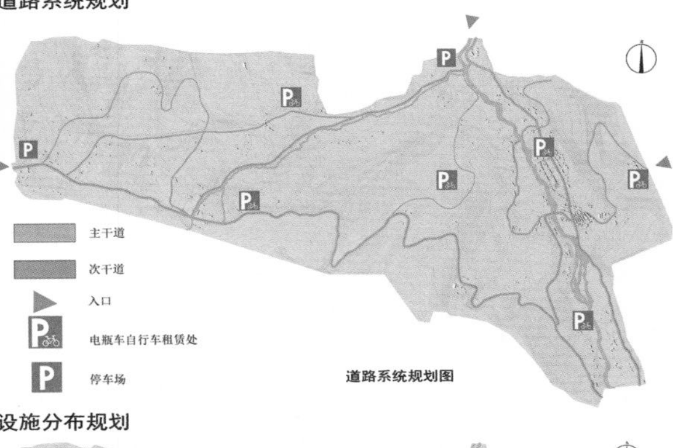

对道路级别的规划为三级：一级为通行机动车行驶的 5 ~ 7 米宽的柏油路，二级为3 ~ 4米宽的土路，三级为1.5~2.0 米宽的石板铺路。

景区内增加电瓶车与自行车作为交通工具，一、二级道路三种交通形式都可以共用，三级道路则主要供步行。

设施分布规划

在入口处增加租借电瓶车及自行车的小型停车棚，可提供四人座电瓶车及单双人、三人自行车。电瓶车可以选择自行租用驾驶或者购票乘坐。

除入口处的租还车点外，在景区主环线上再增加租还车点，同时布置景观休息台，供游客休闲观景。

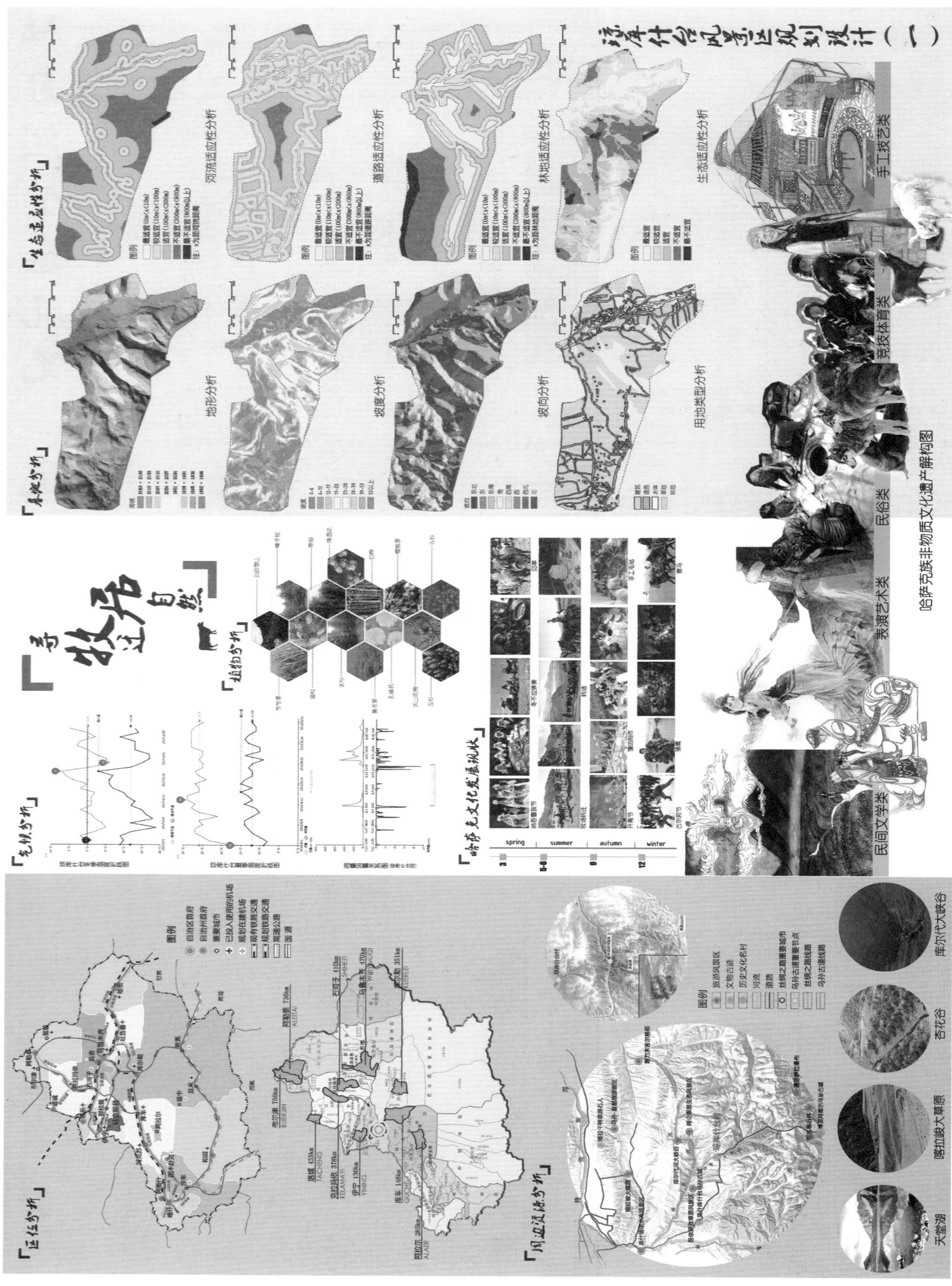

琼库什台风景区规划设计（一）
区位分析
周边资源分析
天堂湖
喀拉峻大草原
杏花谷
库尔代大峡谷
气候分析
寻牧迹 品自然
植物分析
哈萨克文化发展现状
spring
summer
autumn
winter
民间文学类
表演艺术类
民俗类
竞技体育类
手工技艺类
哈萨克族非物质文化遗产解构图
场地分析
地形分析
坡度分析
坡向分析
用地类型分析
生态适应性分析
河流适应性分析
道路适应性分析
林地适应性分析
生态适应性分析

琼库什台风景区规划设计（二）

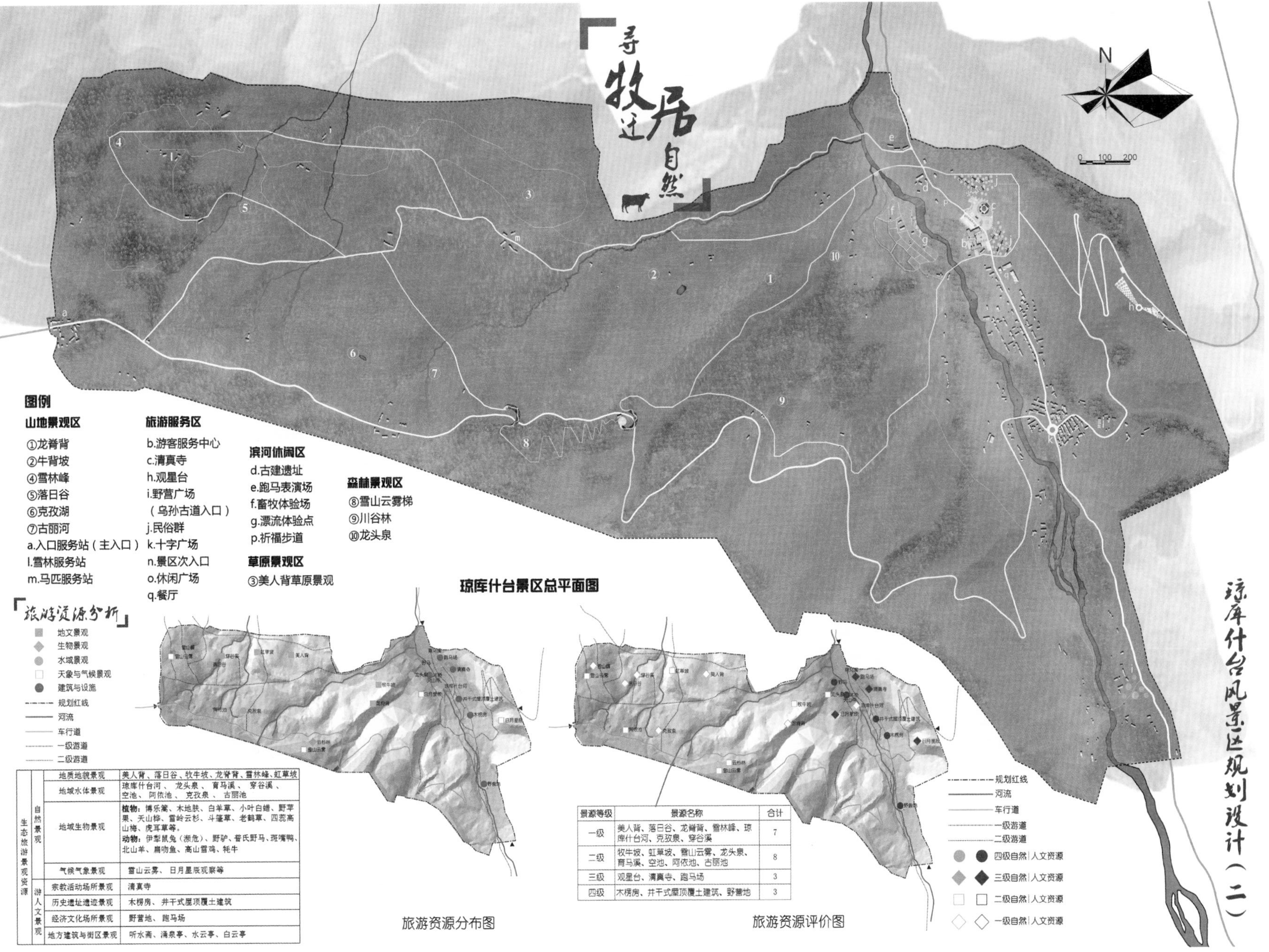

生态旅游景观资源	自然景观	地质地貌景观	美人背、落日谷、牧牛坡、龙脊背、雪林峰、虹草坡
		地域水体景观	琼库什台河、龙头泉、育马溪、穿谷溪、空池、阿依池、克孜泉、古丽池
		地域生物景观	**植物：**博乐蒿、木地肤、白羊草、小叶白蜡、野苹果、天山桦、雪岭云杉、斗篷草、老鹳草、四蕊高山梅、虎耳草等。**动物：**伊犁鼠兔（濒危）、野驴、普氏野马、斑嘴鸭、北山羊、扁吻鱼、高山雪鸡、牦牛
		气候气象景观	雪山云雾、日月星辰观察等
	游人文景观	宗教活动场所景观	清真寺
		历史遗址遗迹景观	木楞房、井干式屋顶覆土建筑
		经济文化场所景观	野营地、跑马场
		地方建筑与街区景观	听水斋、涌泉亭、水云亭、白云亭

旅游资源分布图

景源等级	景源名称	合计
一级	美人背、落日谷、龙脊背、雪林峰、琼库什台河、克孜泉、穿谷溪	7
二级	牧牛坡、虹草坡、雪山云雾、龙头泉、育马溪、空池、阿依池、古丽池	8
三级	观星台、清真寺、跑马场	3
四级	木楞房、井干式屋顶覆土建筑、野营地	3

旅游资源评价图

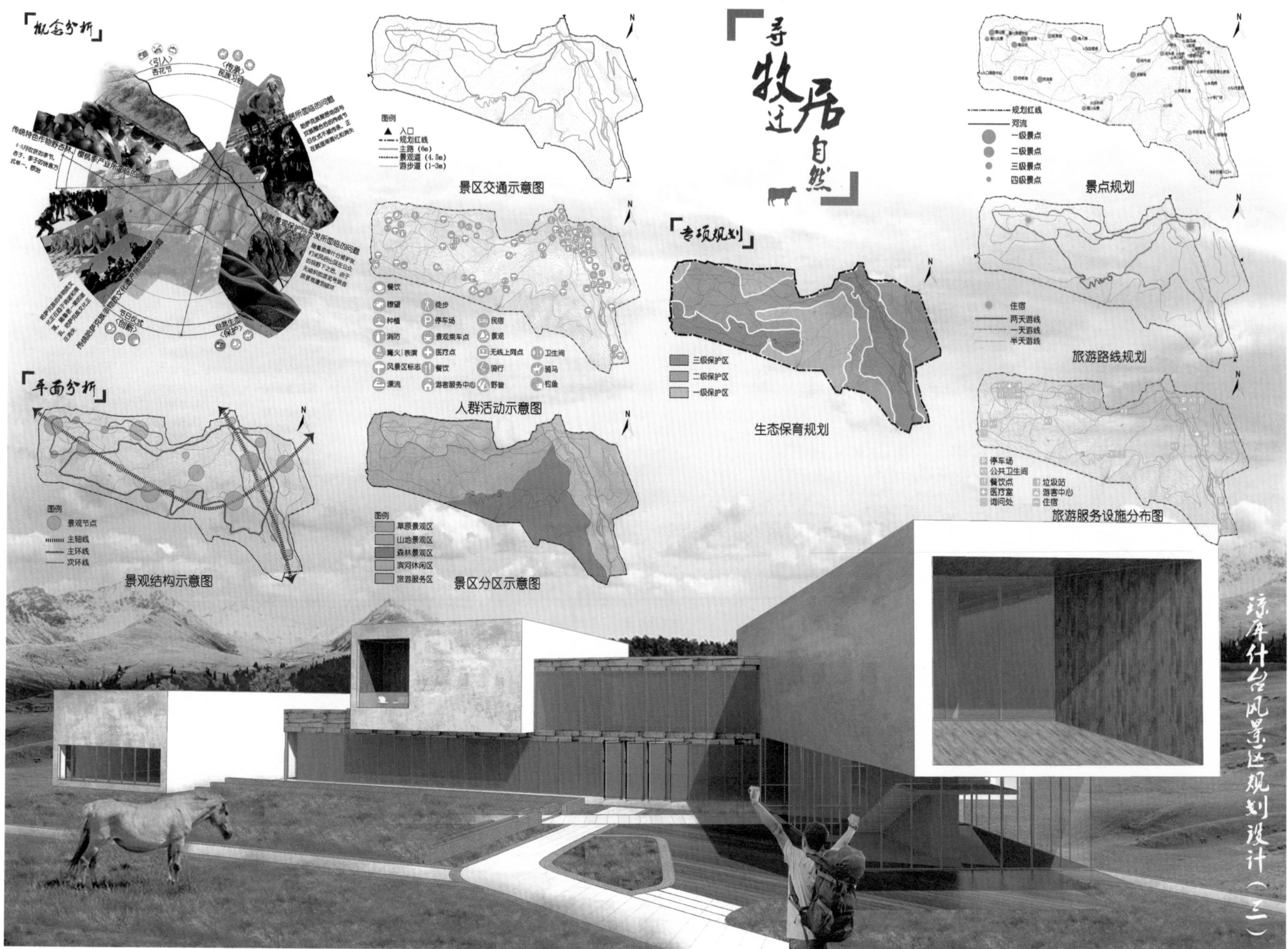

寻牧迁居 自然
琼库什台风景区规划设计（三）
「概念分析」
〈引入〉
杏花节
〈传承〉
民族习俗
节日仪式
〈创新〉
自然生态
〈保护〉
「平面分析」
图例
景观节点
主轴线
主环线
次环线
景观结构示意图
图例
入口
规划红线
主路（6m）
景观道（4.5m）
游步道（1-3m）
景区交通示意图
餐饮
瞭望
种植
消防
篝火|表演
风景区标志
漂流
徒步
停车场
景观乘车点
医疗点
餐饮
游客服务中心
民宿
景观
无线上网点
骑行
野营
卫生间
骑马
钓鱼
人群活动示意图
图例
草原景观区
山地景观区
森林景观区
滨河休闲区
旅游服务区
景区分区示意图
「专项规划」
三级保护区
二级保护区
一级保护区
生态保育规划
规划红线
河流
一级景点
二级景点
三级景点
四级景点
景点规划
住宿
两天游线
一天游线
半天游线
旅游路线规划
停车场
公共卫生间
餐饮点
医疗室
询问处
垃圾站
游客中心
住宿
旅游服务设施分布图

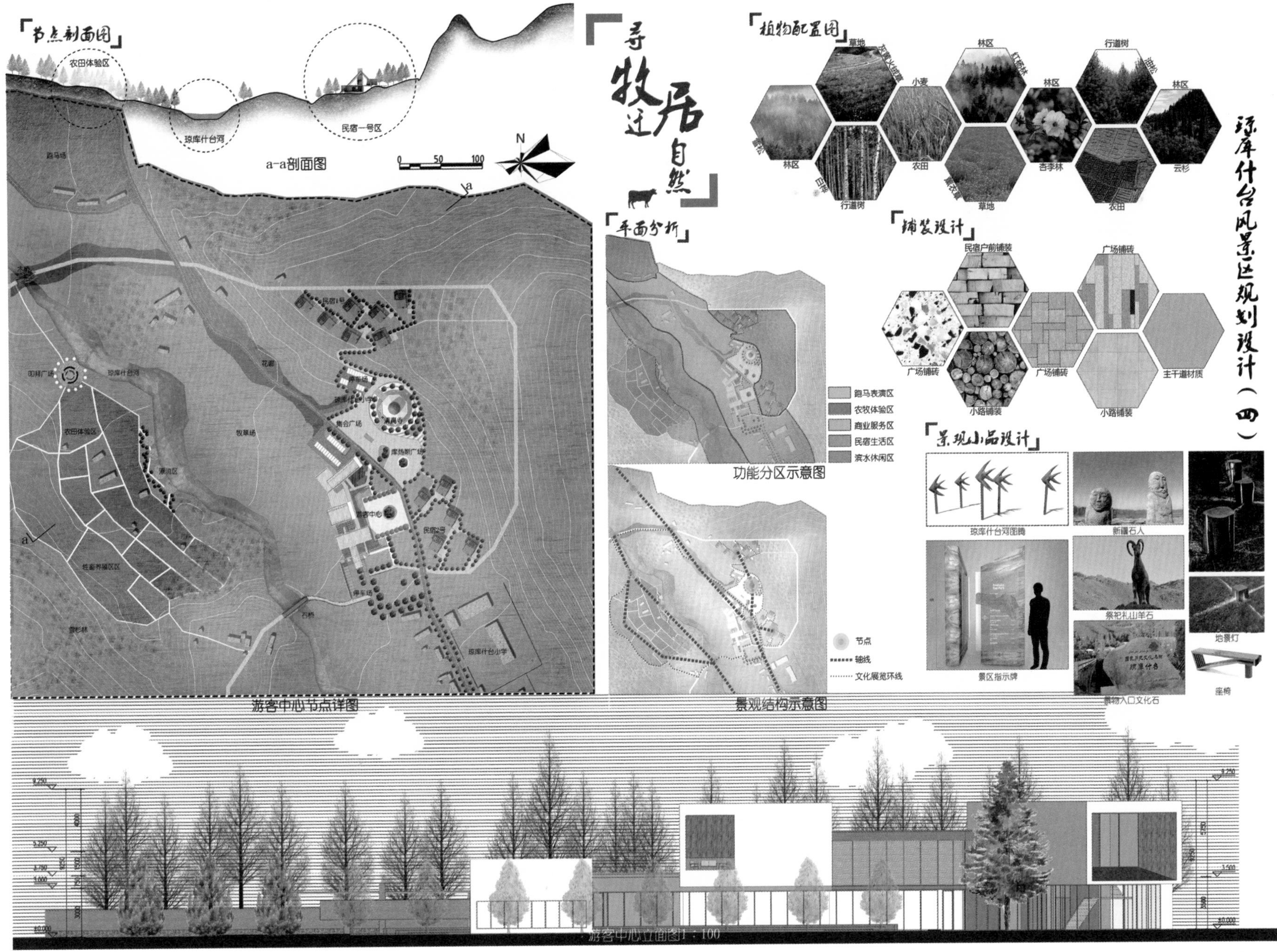
琼库什台风景区规划设计（四）
寻牧迹 居自然
节点剖面图
农田体验区
琼库什台河
民宿一号区
a-a剖面图
平面分析
跑马表演区
农牧体验区
商业服务区
民宿生活区
滨水休闲区
功能分区示意图
节点
轴线
文化展览环线
景观结构示意图
游客中心节点详图
植物配置图
草地
小麦
林区
红桦林
行道树
油松
杏李林
云杉
农田
白桦
薰衣草
铺装设计
民宿户前铺装
广场铺砖
主干道材质
小路铺装
景观小品设计
琼库什台刻图腾
新疆石人
地景灯
景区指示牌
祭祀礼山羊石
景物入口文化石
座椅
游客中心立面图1：100

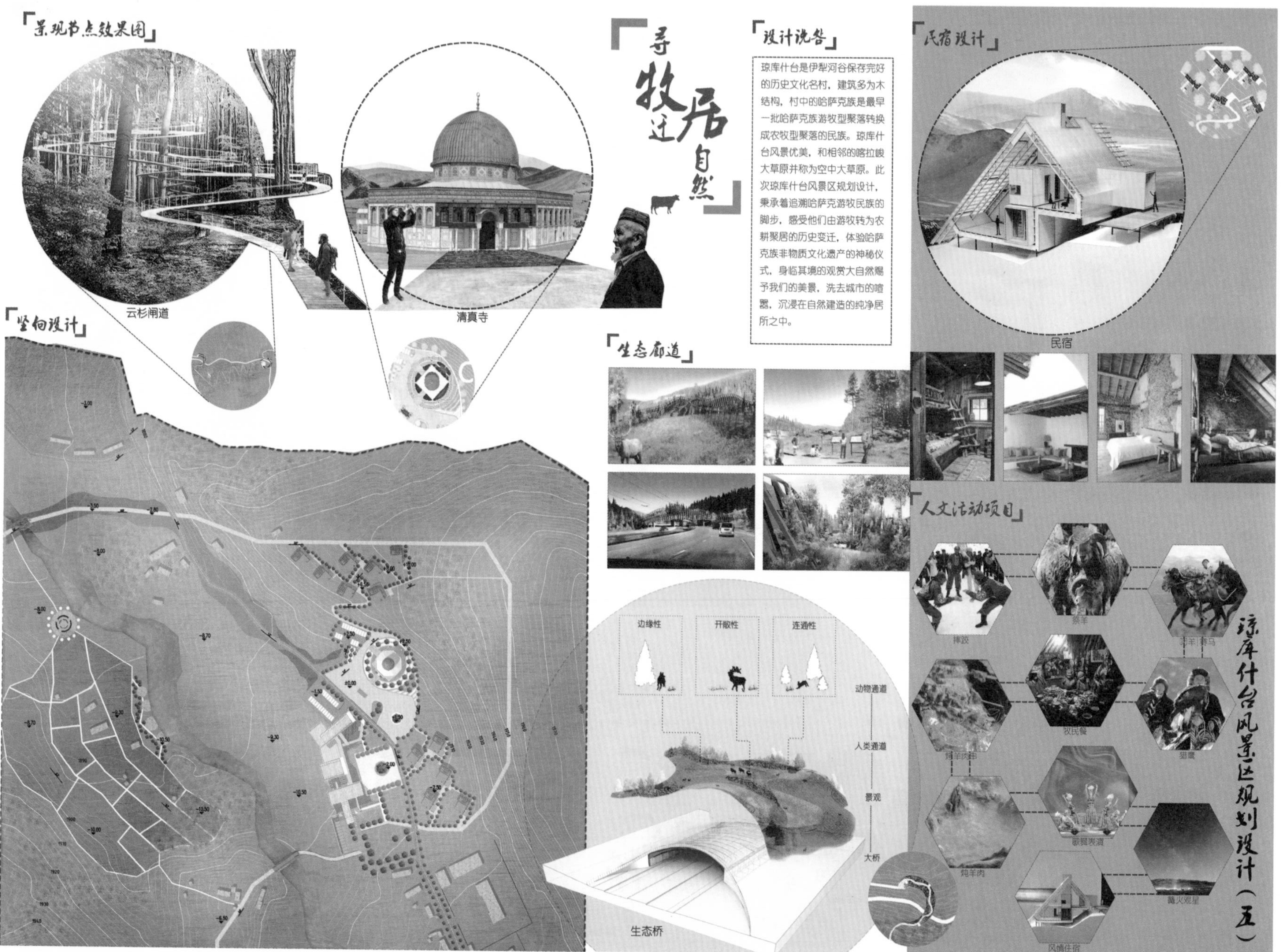
琼库什台风景区规划设计（五）
寻牧迁居自然
设计说明
琼库什台是伊犁河谷保存完好的历史文化名村，建筑多为木结构，村中的哈萨克族是最早一批哈萨克族游牧型聚落转换成农牧型聚落的民族。琼库什台风景优美，和相邻的喀拉峻大草原并称为空中大草原。此次琼库什台风景区规划设计，秉承着追溯哈萨克游牧民族的脚步，感受他们由游牧转为农耕聚居的历史变迁，体验哈萨克族非物质文化遗产的神秘仪式，身临其境的观赏大自然赐予我们的美景，洗去城市的喧嚣，沉浸在自然建造的纯净居所之中。
景观节点效果图
云杉闸道
清真寺
竖向设计
生态廊道
边缘性
开敞性
连通性
动物通道
人类通道
景观
大桥
生态桥
民宿设计
民宿
人文活动项目
摔跤
祭羊
叼羊 赛马
牧民餐
猎鹰
炖羊肉
歌舞表演
篝火观星
风情住宿

06

毕业设计

GRADUATION PROJECT

民族类高校风景园林专业本科毕业设计教学改革的思考

西南民族大学城市规划与建筑学院 王长柳

摘要：风景园林是一门实践性较强的应用型学科，民族类高校风景园林专业承担着为少数民族和民族地区输送风景园林高级专业人才的使命，毕业设计是实现这一人才培养目标的关键一环。本文对我校风景园林专业毕业设计现状问题进行了分析，结合教学工作实践，在选题、指导方式和质量考核监控体系三个方面探讨了提高本科毕业设计教学质量的思路和方法。

关键词：教学改革 民族 风景园林 毕业设计

1. 引言

西南民族大学风景园林专业成立于2010年，是国家民委直属高等院校中开办较早的大建筑类专业之一。立足西南民族大学“为少数民族和民族地区服务，为国家发展战略服务”的办学宗旨，风景园林专业以培养具备扎实的自然科学基础和人文社会科学基础，掌握风景园林学科的基本理论和方法，具有较强的工程实践能力、创新能力和综合分析能力，能够从事风景园林工程和技术管理工作，为民族地区和少数民族服务的风景园林学科高级专业人才为根本任务。

毕业设计是培养学生综合运用所学基础理论、专业知识和基本技能，发现、分析和解决与专业相关实际问题的能力，为今后从事科学研究或参与设计实践工作奠定基础的最后一个教学环节，是实现人才培养目标的关键一环。风景园林是一门具有较强实践性的应用型学科，毕业设计的训练实效程度直接决定了学生的就业能力，对于提升学生专业素质和职业生涯的健康发展具有重要意义。

2. 现状问题

近几年来，随着我校教学改革的深入开展，毕业设计的教学质量得到了一定程度的提高，但是就目前风景园林专业的现状来看，笔者结合个人的教学实际情况，发现主要还存在以下几方面的问题。

2.1 学生重视程度不够

我校风景园林专业毕业设计安排在第十学期，这恰好是毕业生进行毕业实习、求职择业或出国深造的高峰期。在当前高校普遍重视毕业生就业率的考核背景下，毕业设计环节并不会对就业产生太大影响，加上两者在时间上存在冲突，学生对就业的重视程度远远高于毕业设计环节，甚至有些学生为了面试或者就业前的试用离开学校，无心开展毕业设计，导致毕业设计最终流于形式，起不到应有的作用。笔者也遇到过自己指导的毕业生在省外单位实习而缺席毕业设计的大部分中间考核环节的情况。

2.2 教师精力投入有限

从毕业设计的指导老师来看，我院风景园林专业共有7位教师，这些教学能力强，思维活跃，和学生的互动能力较强。但是，由于学历提升和职称提升的压力，部分教师经常处于在编不在岗的状态（目前在读博士有3名），按一个班30名学生来计算，每一位老师将承担7～8名学生的毕业设计任务，再加上科研工作和日常教学工作量，指导教师的时间和精力在毕业设计教学上投入不足，质量得不到保证。

2.3 与实践结合不足

目前我校风景园林专业本科毕业设计一般采用教师根据自己的兴趣及研究范围拟定题目、学生选择题目的方式进行，因教师的科研项目通常侧重于理论创新，导致很多毕业设计的理论性很强，但是实践性不强，大部分是一些概念设计，缺乏开拓性与应用性。另一方面，受到课题的内容、难易程度、工作量的大小、时间要求等方面的制约，在实际工程项目来源逐年减少的情况下，寻找到适合于毕业设计的实际工程项目更是可遇不可求，而若选择假题假做则与课程设计无异，达不到毕业设计的过程训练和目标要求。

3. 提升毕业设计质量的思考

针对上述情况，笔者结合自己的毕业设计指导实践，以提升风景园林毕业设计质量为目的，谈谈粗浅的想法。

3.1 采取科学、合理、合适的选题方式

选题是毕业设计的关键，好的选题能起到事半功倍的成效。首先，毕业设计选题力求与生产实践相结合、贴近社会需要。风景园林毕业设计选题可包含风景园林基础理论研究、风景园林设计、风景园林工程和技术管理，甚至包括城乡绿化、环境综合整治等多方面内容。指导教师要充分认识到学生的态度和兴趣对毕业设计的影响，既要考虑课题的深度、广度及今后的实用性，又要兼顾今后学生的就业去向并适当考虑学生的兴趣和爱好，做到因材施教，因人而异，因需选题。例如，对于已考上研究生或确定出国深造的学生，专业基础相对扎实，教师可以结合自己的研究方向和科研项目设计题目，激发学生的积极性和创造性，争取做出创新性的成果；对于已签订就业合同的学生，教师可以结合用人单位实际工程项目来设计题目，指导学生在实际工程项目过程中完成毕业设计任务；对于拟进入政府相关部门或管理机构工作的学生，可以增加风景园林项目管理、政策法律法规研究等方向的选题；对于仍未就业或基础稍差的学生，指导教师可设计难度适中或规模较小的实践项目，模拟项目管理过程，制定工作计划，要求学生在规定时间内完成任务，让学生在毕业设计过程中体验真实工作环境和技术要求，为就业做好准备。以学生为中心，科学合理地为学生提出适合学生自身特长、兴趣和切身需求的选题，才能激发学生的热情和专注度，达到毕业设计的最终目的。

3.2 创新毕业设计指导方式

在实践项目来源有限以及教师的时间和精力有限的情况下，为保证毕业设计的质量，可以采取联合指导的模式。第一类是专业内的联合，可以将指导老师与学生进行多元组合，开展团队化的毕业设计，如将园林设计、植物设计、景观生态设计等方向的老师与学生组成团队来完成一个综合性的毕业课题，共同搭建一个师生之间相互沟通、共同设计的工作和学习平台。第二类是建筑和设计跨专业的联合，比如我院风景园林专业可以与同学院的建筑学、城乡规划、环境设计和产品设计专业联合，可以是两个专业的综合设计，也可以是多个专业的设计融合。这种联合毕业设计，工作量虽然减少，但对学生的团队意识提出了更高要求。这种方式打破专业限制、跨专业组织毕业设计的方式，更加符合当今时代对设计人才的需求，同时也为学生步入社会提供了更加坚实的理论与实践基础。第三类是学校、设计院和企业间的联合，学院可以同已签订校外实习基地的企业或设计院进一步加深合作，聘请设计院资深规划师和设计师作为毕业设计的校外指导老师。通过校企联合的途径，鼓励学生到设计单位进行毕业设计教学环节。一方面，可以拓展毕业设计选题来源，更重要的一方面是设计院规划师运用自身的实践经验和职业修养，直接指导学生毕业设计，有利于毕业生缩短理论和实践、学校与社会之间的鸿沟，为学生走向社会打下良好的坚实基础。

3.3 建立全过程质量考核体系

建立毕业设计的全程质量考核和监控体系，对提高毕业设计质量起着十分重要的作用。我校风景园林专业本科

毕业设计教学过程包括毕业实习答辩、选题、中期检查、预答辩和正式答辩五个环节。质量监控应当贯穿毕业设计各个环节，例如，我院在预答辩阶段，从全院本科毕业生中随机抽取一定比例的毕业设计进行院级预答辩，对于不符合设计规范、未按规定进度完成任务、未能通过预答辩的同学责令限期改正，否则不予正式答辩资格。同时，学院每年都组织校级和院级优秀毕业设计的评选活动，对获奖的教师和学生予以奖励。质量体系的另一方面是健全管理制度，包括校院系教研室、指导教师各层级的职责和作用，毕业设计工作管理规定，毕业实习规定、毕业设计规范、答辩要求及评分标准等内容。完善各项管理制度，建立毕业设计全程监控体系，加强过程化管理，不仅可以让毕业设计各个环节活动有效实施，严格把握各个环节的质量标准，同时可以及时纠正偏差，确保毕业设计按时和保质保量地完成。

结语

在新型城镇化的背景下，广大民族地区建设类人才长期处于紧缺状态，强化毕业设计训练，把握人才输出的最后一关，为民族地区输送专业素质过硬的优秀人才是民族类高等院的重要使命。提高风景园林专业毕业设计质量任重道远，本文仅是作者对改善毕业设计质量的一些粗浅想法，以期能抛砖引玉，探索出更多行之有效的做法。

参考文献

[1] 金敏丽, 钱奇霞. 风景园林专业毕业设计教学改革研究[J]. 长江大学学报(自然科学版), 2011, 8(06):267-270.

[2] 巫柳兰. 基于就业导向的高校风景园林专业毕业设计教学优化[J]. 佳木斯职业学院学报, 2016, (09):214-215.

[3] 王巍. 高职园林专业毕业设计教学改革与探索[C]//. 中国武汉决策信息研究开发中心, 决策与信息杂志社, 北京大学经济管理学院.软科学论坛——工程管理与技术应用研讨会论文集[C]. 武汉: 2015:2.

忆·游 ——观光农业园景观规划设计·壹

区位分析
LOCATION ANALYSIS

基地位于四川省泸州市叙永县县城南部，位于四川盆地南缘，靠近三省边界，紧邻云南省、贵州省与重庆市。从场地到成都、重庆、泸州市区的直线距离分别为 320 公里、200 公里和 100 公里，驱车分别需要约 5 小时、3.5 小时和 2 小时。

气候分析
CLIMATE ANALYSIS

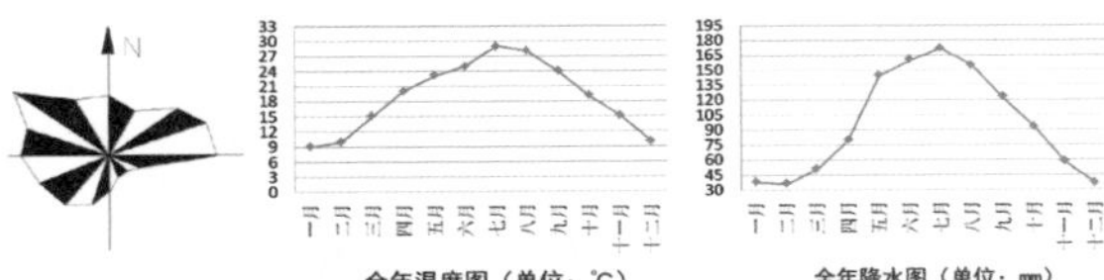

叙永县位于四川盆地南缘，云贵高原北端，长江上游与赤水河中、上游之间，属于亚热带湿润性季风气候。年平均气温为 18℃，极端最高温度 40.3℃，极端最低温度 -1.1℃，气候温暖。历年平均降雨量为 1146.7mm，全年雨量充沛，有雨季，且日照充足，全年日照达 1170.3 小时。全年主导风向西北，年平均风速 1.61m/s，属于微风地区。

旅游资源分析
TOURISM RESOURCES ANALYSIS

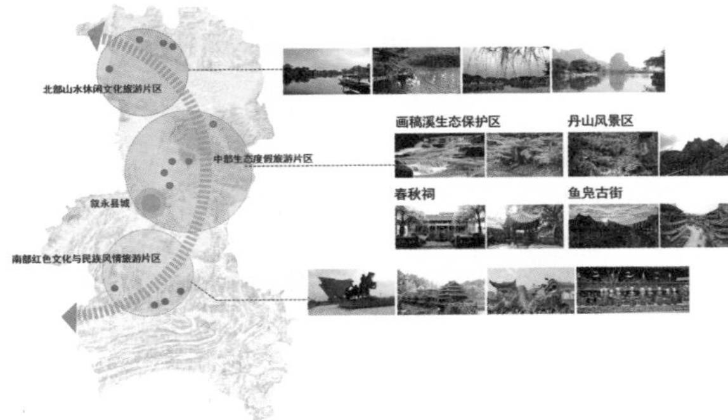

叙永县域内的旅游资源丰富，其中尤以优美的自然风光见长，且大都为观赏性旅游区，缺乏人的体验与互动，因此在设计该郊野公园时，不仅仅是让人们欣赏叙永的文化与风光，更多的是能让人体验自然生活并与自然产生交流。

农林资源分析
PLANT RESOURCES ANALYSIS

植物种类

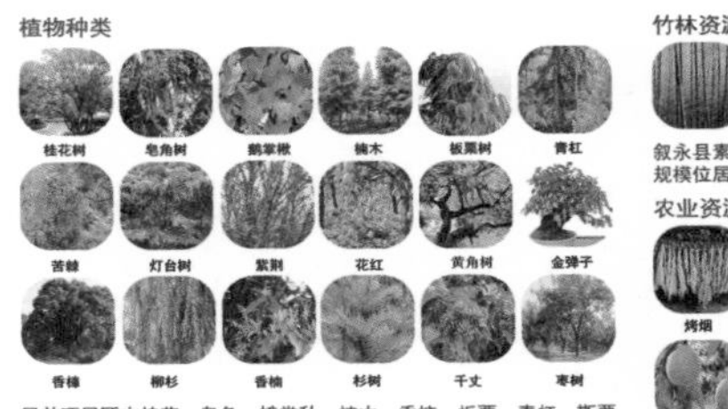

目前项目区内桂花、皂角、蛾掌秋、楠木、香楠、板栗、青杠、斯粟子、酸草、苦棘、灯台、紫荆、枣、木瓜、花红、桃、黄角树、金弹子、红子、香樟、杉、柳杉、千丈等原生树种生长良好。

竹林资源

叙永县素来竹林资源丰富，盛产多种竹子，拥有竹林达 130 万亩以上，规模位居全省第一。

农业资源

烤烟 茶叶 蚕桑 赤水雪橙 椪柑 苹果 桃子 冰脆李 柚子 枇杷 樱桃 魔芋

当地的烤烟、茶叶、蚕桑产品优良，水果主要品种有赤水雪橙、椪柑、苹果、桃子、冰脆李、柚子、枇杷、樱桃等。

城市发展分析
HISTORY ANALYSIS

1950年，属泸县专区　1960年，属宜宾专区　1985年，属泸州市　1991年，叙永县为首批省级历史文化名城　2017年，融入“一带一路”打造现代生态宜居城市

城市用地分析
PLANING ANALYSIS

新老城区位置图　基地周边现状绿地分布图

基地位于叙永县南面，靠近新城区，基地周边功能用地主要由居住用地、商业用地和学校用地组成，间有一些未开发地。临近场地的建筑主要由居住区构成。

交通分析
TRAFFIC ANALYSIS

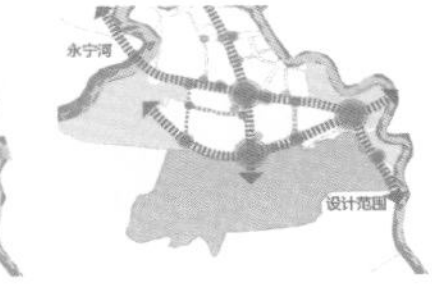

基地衔接叙永县的三条主干道：绕城公路、和平大道及 312 国道，其中北面与之垂直的和平大道是县城进入场地最主要的道路。场地北面已有两条上山道，与山中的村庄连接。

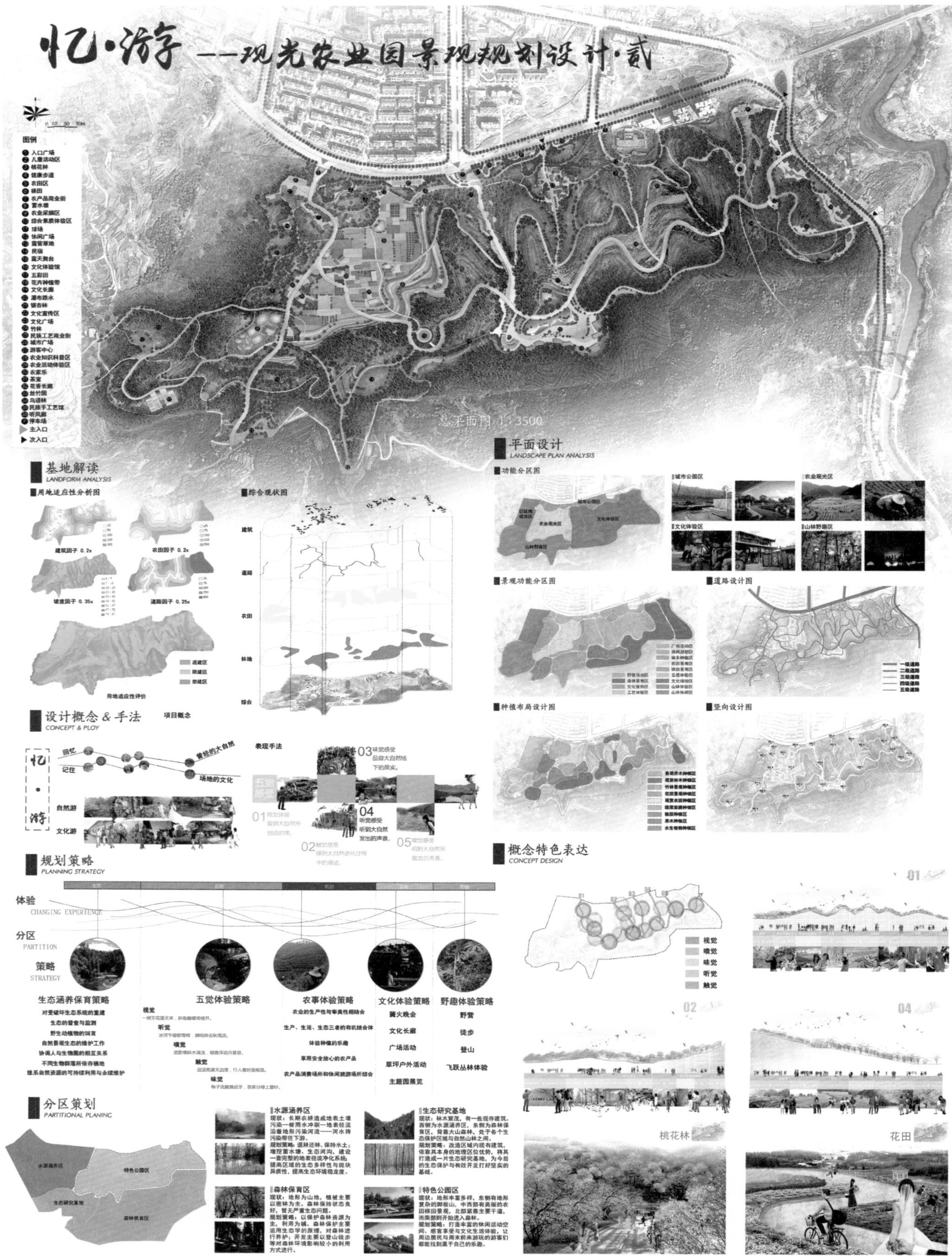

忆·游 ——观光农业园景观规划设计·贰
图例
总平面图 1：3500
主入口
次入口
基地解读
LANDFORM ANALYSIS
用地适应性分析图
建筑因子 0.2x
农田因子 0.2x
坡度因子 0.35x
道路因子 0.25x
用地适应性评价
综合现状图
建筑
道路
农田
林地
综合
设计概念 & 手法
CONCEPT & PLOY
项目概念
回忆
记住
曾经的大自然
场地的文化
自然游
文化游
表现手法
平面设计
LANDSCAPE PLAN ANALYSIS
功能分区图
城市公园区
农业观光区
文化体验区
山林野趣区
景观功能分区图
道路设计图
种植布局设计图
竖向设计图
规划策略
PLANNING STRATEGY
体验
CHANGING EXPERIENCE
分区
PARTITION
策略
STRATEGY
生态涵养保育策略
对受破坏生态系统的重建
生态的管查与监测
野生动植物的饲育
自然景观生态的维护工作
协调人与生物圈的相互关系
不同生物群落所依存栖地
维系自然资源的可持续利用与永续维护
五觉体验策略
视觉
听觉
嗅觉
触觉
味觉
农事体验策略
农业的生产性与审美性相结合
生产、生活、生态三者的有机结合体
体验种植的乐趣
享用安全放心的农产品
农产品消费场所和休闲旅游场所结合
文化体验策略
篝火晚会
文化长廊
广场活动
草坪户外活动
主题园展览
野趣体验策略
野营
徒步
登山
飞跃丛林体验
概念特色表达
CONCEPT DESIGN
视觉
嗅觉
味觉
听觉
触觉
01
02
04
桃花林
花田
分区策划
PARTITIONAL PLANING
水源涵养区
特色公园区
生态研究基地
森林保育区

忆·游 ——观光农业园景观规划设计·叁

场地综合现状分析

EXITING SITUATION ANALYSIS

观光农业园设计范围图

场地现状分析

0 - 7
7 - 16
16 - 23
23 - 30
30 - 38
38 - 51
51 - 67
67 - 79
79 - 87

坡度分析图

农田
山林
建筑
道路
水渠

总平面设计

LANDSCAPE PLAN DESIGN

功能分区图

办公服务区
商业休闲区
果园采摘区
山林游憩区
农家休闲区
农业种植区
森林徒步区
农业科普区
农业体验区
田园游览区

景观分区图

观赏林木区
果园景观区
竹林景观区
湿地景观区
花木观赏区
农田景观区
梯田景观区
森林景观区

道路设计图

一级道路
二级道路
三级道路
四级道路
五级道路

功能结构图

功能轴线
主要功能节点
次要功能节点

景观结构图

景观轴线
主要景观节点
次要景观节点

竖向设计图

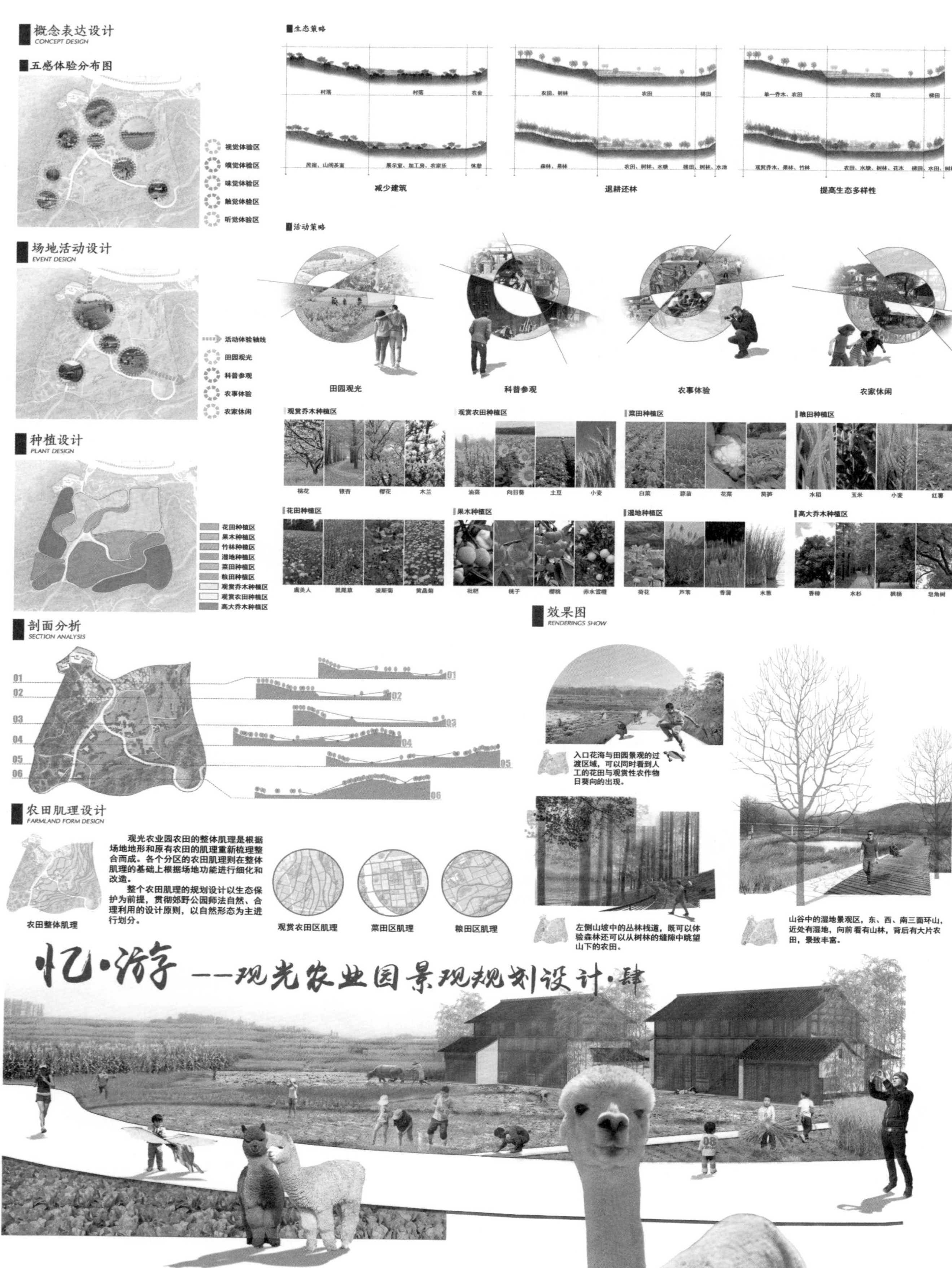
概念表达设计
CONCEPT DESIGN
五感体验分布图
视觉体验区
嗅觉体验区
味觉体验区
触觉体验区
听觉体验区
生态策略
减少建筑
退耕还林
提高生态多样性
活动策略
田园观光
科普参观
农事体验
农家休闲
场地活动设计
EVENT DESIGN
活动体验轴线
田园观光
科普参观
农事体验
农家休闲
种植设计
PLANT DESIGN
花田种植区
果木种植区
竹林种植区
湿地种植区
菜田种植区
粮田种植区
观赏乔木种植区
观赏农田种植区
高大乔木种植区
观赏乔木种植区
观赏农田种植区
菜田种植区
粮田种植区
花田种植区
果木种植区
湿地种植区
高大乔木种植区
剖面分析
SECTION ANALYSIS
农田肌理设计
FARMLAND FORM DESIGN
观光农业园农田的整体肌理是根据场地地形和原有农田的肌理重新梳理整合而成。各个分区的农田肌理则在整体肌理的基础上根据场地功能进行细化和改造。
整个农田肌理的规划设计以生态保护为前提，贯彻郊野公园师法自然、合理利用的设计原则，以自然形态为主进行划分。
农田整体肌理
观赏农田区肌理
菜田区肌理
粮田区肌理
效果图
RENDERINGS SHOW
入口花海与田园景观的过渡区域，可以同时看到人工的花田与观赏性农作物日葵向的出现。
左侧山坡中的丛林栈道，既可以体验森林还可以从树林的缝隙中眺望山下的农田。
山谷中的湿地景观区，东、西、南三面环山，近处有湿地，向前看有山林，背后有大片农田，景致丰富。
忆·游 ——观光农业园景观规划设计·肆

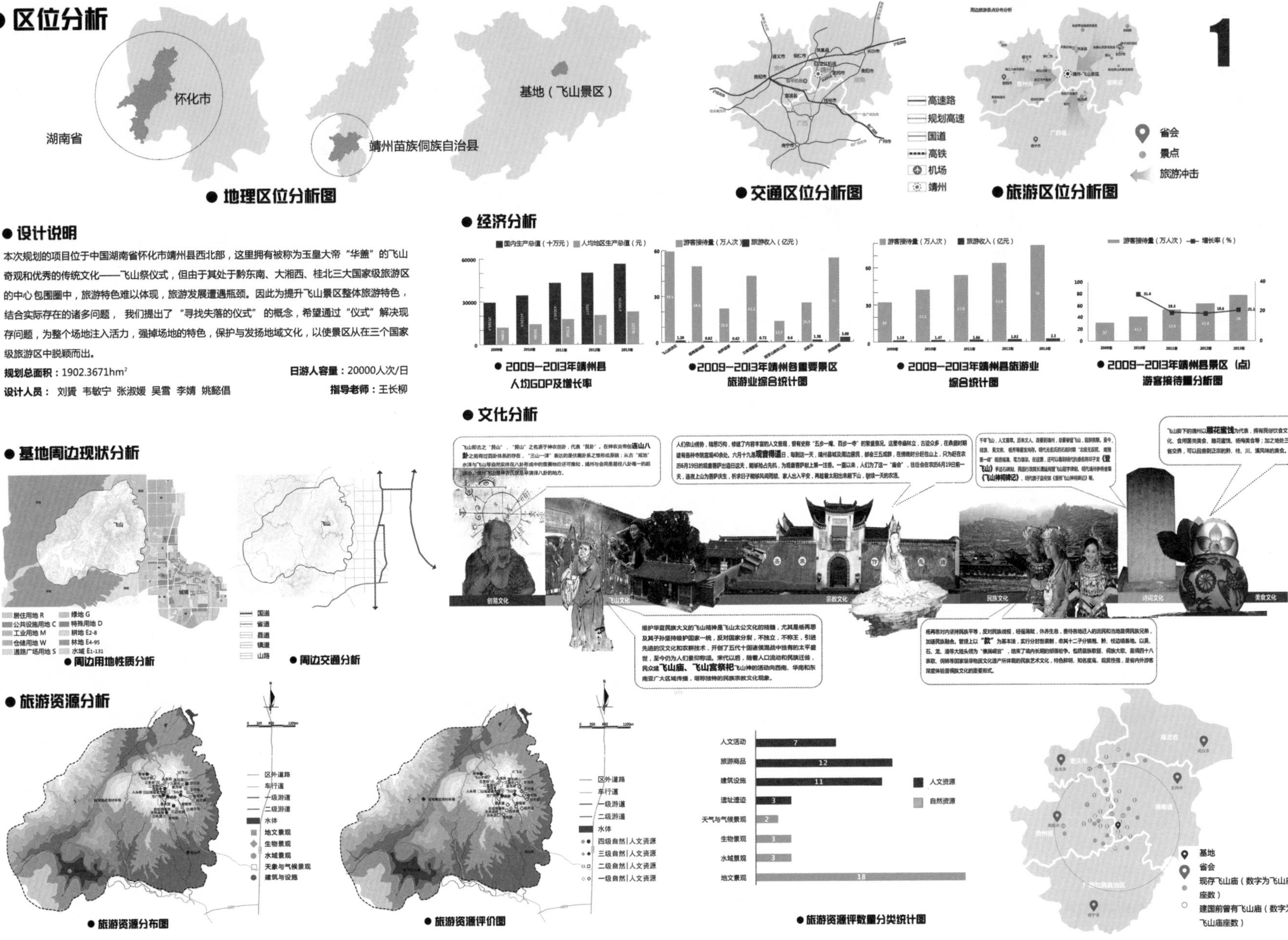

寻找失落的"仪式" TRACING THE LOST CEREMONY
湖南靖州飞山风景区规划
1
● 区位分析
湖南省
怀化市
靖州苗族侗族自治县
基地（飞山景区）
● 地理区位分析图
高速路
规划高速
国道
高铁
机场
靖州
● 交通区位分析图
省会
景点
旅游冲击
● 旅游区位分析图
● 设计说明
本次规划的项目位于中国湖南省怀化市靖州县西北部，这里拥有被称为玉皇大帝"华盖"的飞山奇观和优秀的传统文化——飞山祭仪式，但由于其处于黔东南、大湘西、桂北三大国家级旅游区的中心包围圈中，旅游特色难以体现，旅游发展遭遇瓶颈。因此为提升飞山景区整体旅游特色，结合实际存在的诸多问题，我们提出了"寻找失落的仪式"的概念，希望通过"仪式"解决现存问题，为整个场地注入活力，强掉场地的特色，保护与发扬地域文化，以使景区从在三个国家级旅游区中脱颖而出。
规划总面积：1902.3671hm²
日游人容量：20000人次/日
设计人员：刘簧 韦敏宁 张淑媛 吴雪 李婧 姚懿倡
指导老师：王长柳
● 经济分析
国内生产总值（十万元）
人均地区生产总值（元）
● 2009—2013年靖州县人均GDP及增长率
游客接待量（万人次）
旅游收入（亿元）
● 2009—2013年靖州县各重要景区旅游业综合统计图
● 2009—2013年靖州县旅游业综合统计图
增长率（%）
● 2009—2013年靖州县景区（点）游客接待量分析图
● 文化分析
创局文化
飞山文化
宗教文化
民族文化
诗词文化
美食文化
● 基地周边现状分析
居住用地 R
公共设施用地 C
工业用地 M
仓储用地 W
道路广场用地 S
绿地 G
特殊用地 D
耕地 E2-8
林地 E4-95
水域 E1-131
● 周边用地性质分析
国道
省道
县道
镇道
山路
● 周边交通分析
● 旅游资源分析
区外道路
车行道
一级游道
二级游道
水体
地文景观
生物景观
水域景观
天象与气候景观
建筑与设施
● 旅游资源分布图
四级自然|人文资源
三级自然|人文资源
二级自然|人文资源
一级自然|人文资源
● 旅游资源评价图
人文活动 7
旅游商品 12
建筑设施 11
遗址遗迹 3
天气与气候景观 2
生物景观 3
水域景观 3
地文景观 18
人文资源
自然资源
● 旅游资源评数量分类统计图
基地
省会
现存飞山庙（数字为飞山庙座数）
建国前曾有飞山庙（数字为飞山庙座数）

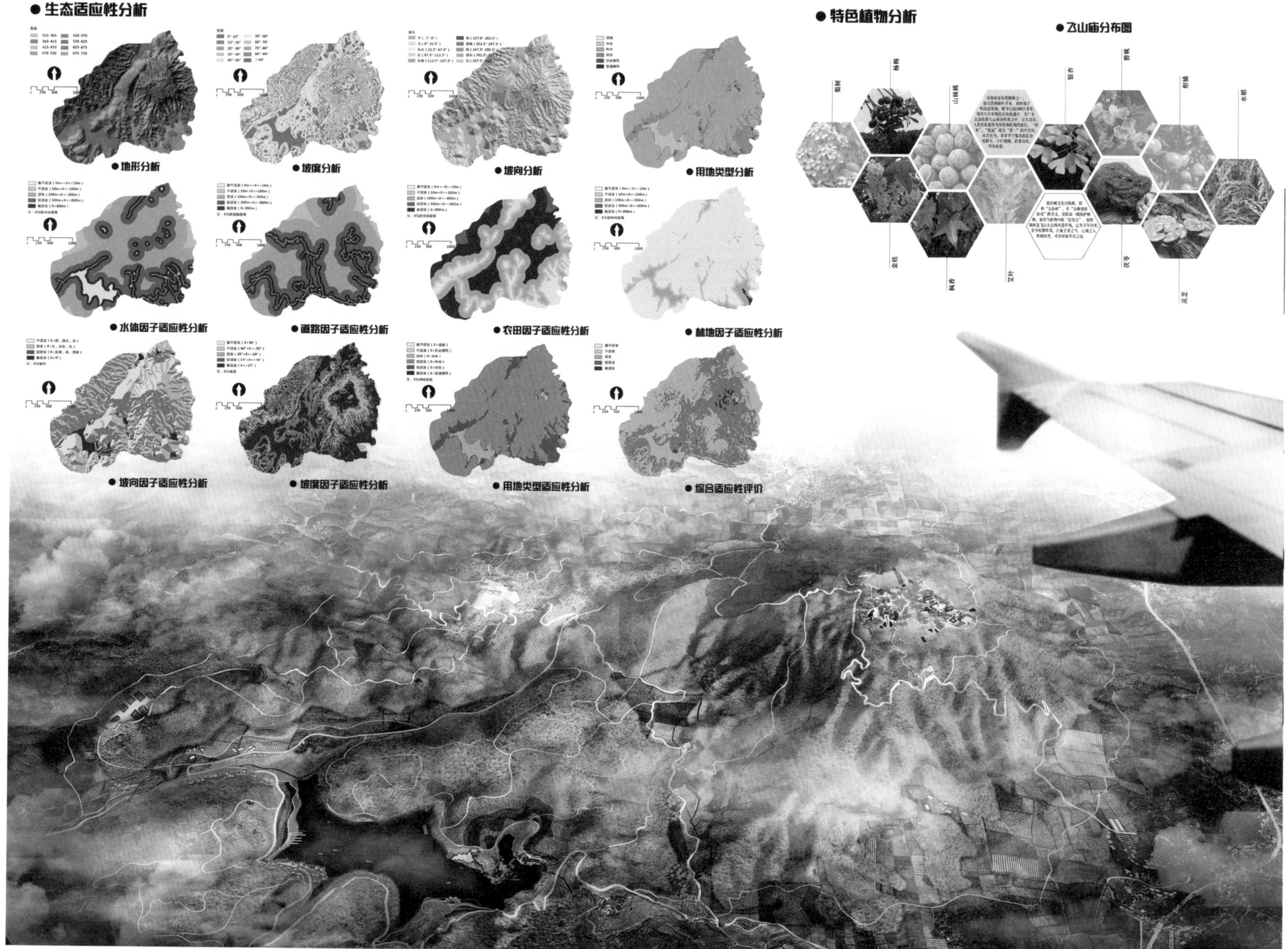
生态适应性分析
地形分析
坡度分析
坡向分析
用地类型分析
水体因子适应性分析
道路因子适应性分析
农田因子适应性分析
林地因子适应性分析
坡向因子适应性分析
坡度因子适应性分析
用地类型适应性分析
综合适应性评价
特色植物分析
飞山庙分布图
梨树
杨梅
山核桃
银杏
碧桃
柑橘
水稻
金桂
枫香
艾叶
茯苓
灵芝

寻找失落的“仪式”

TRACING THE LOST CEREMONY

湖南靖州飞山风景区规划

2

● 概念分析

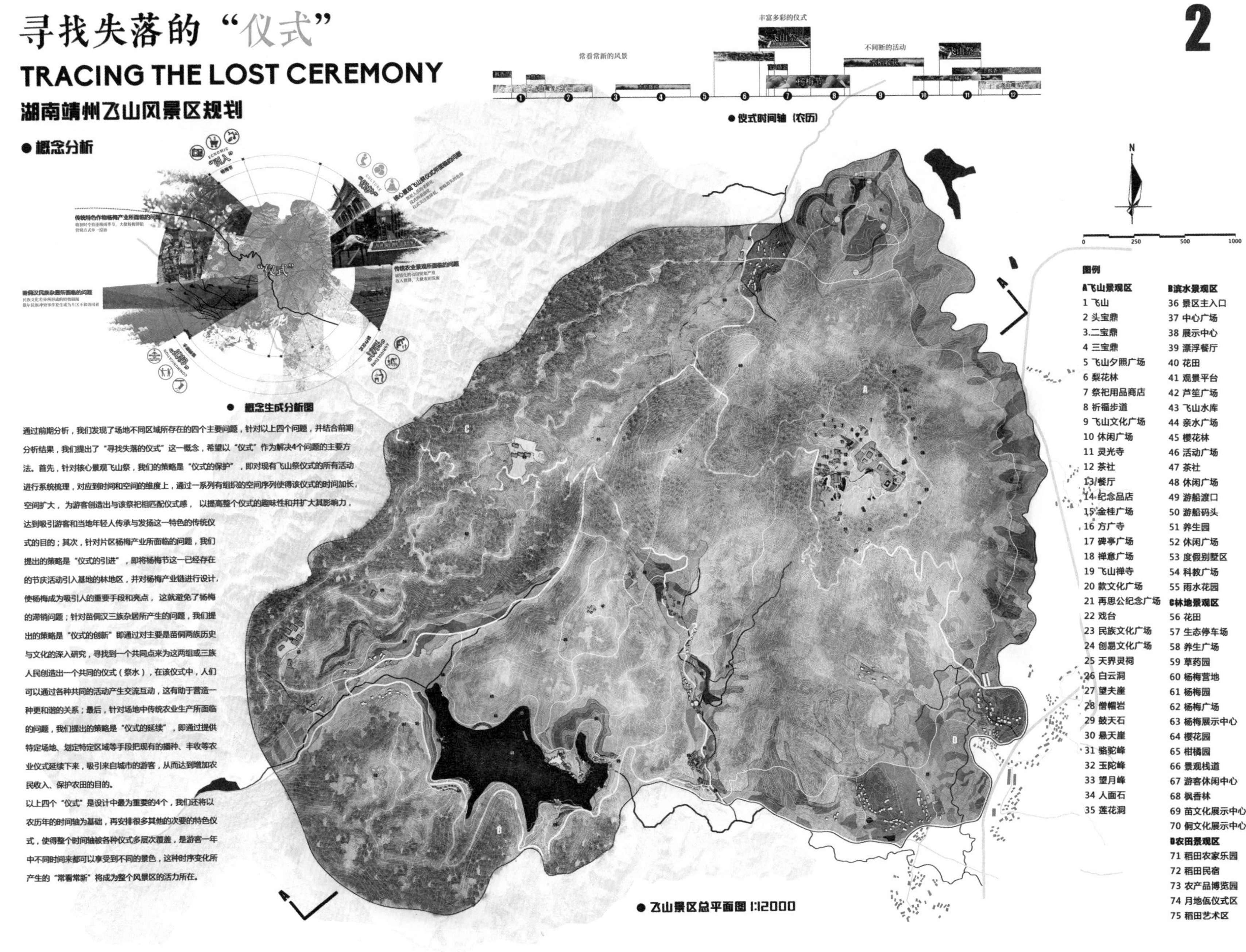

● 概念生成分析图

● 飞山景区总平面图 1:12000

通过前期分析，我们发现了场地不同区域所存在的四个主要问题，针对以上四个问题，并结合前期分析结果，我们提出了“寻找失落的仪式”这一概念，希望以“仪式”作为解决4个问题的主要方法。首先，针对核心景观飞山祭，我们的策略是“仪式的保护”，即对现有飞山祭仪式的所有活动进行系统梳理，对应到时间和空间的维度上，通过一系列有组织的空间序列使得该仪式的时间加长，空间扩大，为游客创造出与该祭祀相匹配仪式感，以提高整个仪式的趣味性和并扩大其影响力，达到吸引游客和当地年轻人传承与发扬这一特色的传统仪式的目的；其次，针对片区杨梅产业所面临的问题，我们提出的策略是“仪式的引进”，即将杨梅节这一已经存在的节庆活动引入基地的林地区，并对杨梅产业链进行设计，使杨梅成为吸引人的重要手段和亮点，这就避免了杨梅的滞销问题；针对苗侗汉三族杂居所产生的问题，我们提出的策略是“仪式的创新”即通过对主要是苗侗两族历史与文化的深入研究，寻找到一个共同点来为这两组或三族人民创造出一个共同的仪式（祭水），在该仪式中，人们可以通过各种共同的活动产生交流互动，这有助于营造一种更和谐的关系；最后，针对场地中传统农业生产所面临的问题，我们提出的策略是“仪式的延续”，即通过提供特定场地、划定特定区域等手段把现有的播种、丰收等农业仪式延续下来，吸引来自城市的游客，从而达到增加农民收入、保护农田的目的。

以上四个“仪式”是设计中最为重要的4个，我们还将以农历年的时间轴为基础，再安排很多其他的次要的特色仪式，使得整个时间轴被各种仪式多层次覆盖，是游客一年中不同时间来都可以享受到不同的景色，这种时序变化所产生的“常看常新”将成为整个风景区的活力所在。

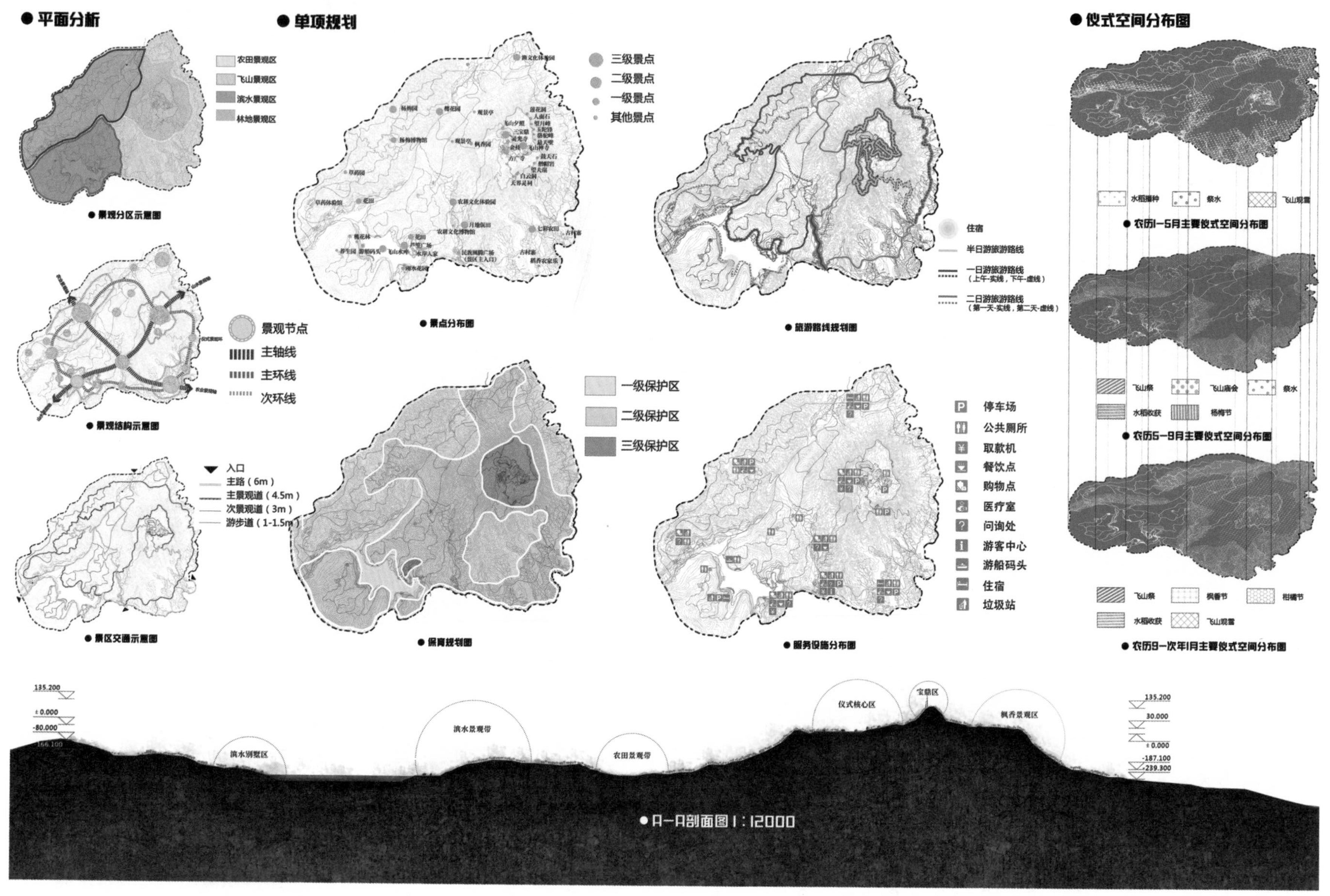
● 平面分析
农田景观区
飞山景观区
溆水景观区
林地景观区
● 景观分区示意图
景观节点
主轴线
主环线
次环线
● 景观结构示意图
入口
主路（6m）
主景观道（4.5m）
次景观道（3m）
游步道（1-1.5m）
● 景区交通示意图
● 单项规划
三级景点
二级景点
一级景点
其他景点
● 景点分布图
一级保护区
二级保护区
三级保护区
● 保育规划图
住宿
半日游旅游路线
一日游旅游路线
（上午-实线，下午-虚线）
二日游旅游路线
（第一天-实线，第二天-虚线）
● 旅游路线规划图
停车场
公共厕所
取款机
餐饮点
购物点
医疗室
问询处
游客中心
游船码头
住宿
垃圾站
● 服务设施分布图
● 仪式空间分布图
水稻播种
祭水
飞山观雪
● 农历1-5月主要仪式空间分布图
飞山祭
飞山庙会
祭水
水稻收获
杨梅节
● 农历5-9月主要仪式空间分布图
飞山祭
枫香节
柑橘节
水稻收获
飞山观雪
● 农历9-次年1月主要仪式空间分布图
135.200
±0.000
-80.000
溆水别墅区
溆水景观带
农田景观带
仪式核心区
宝鼎区
枫香景观区
135.200
30.000
±0.000
-187.100
-239.300
● A-A剖面图 1：12000

寻找失落的“仪式”
TRACING THE LOST CEREMONY
湖南靖州飞山风景区规划——祭祀仪式区规划
设计人员：刘茵
指导老师：王长柳
● 飞山祭仪式流程图
飞山祭
拜菩萨
烧草鞋
游行
斋戒、准备祭品
念祭文或祭词
分食祭品
娱乐
● 现状资源分布图
3
N
0
50
100
200
图例
1.白云洞
2.停车场
3.登山道
4.天界灵祠
5.创易文化广场
6.民族文化广场
7.竹林
8.休憩亭
9.禅意广场
10.牌坊
11.禅心池
12.福寿桥
13.佛文化广场
14.银杏老树
15.银杏广场
16.碑亭
17.曲水流觞
18.放生池
19.休憩亭
20.方广寺
21.金桂老树
22.纪念池
23.金桂广场
24.祭祀用品商店
25.商业区
26.桃花林
27.茶室
28.休憩亭
29.桃花广场
30.菩提广场
31.灵光寺
32.旱喷广场
33.游客活动中心
34.舞台
35.休闲广场
36.飞山文化博物馆
37.飞山文化广场
38.飞山池
39.祈福步道
40.观景亭
41.飞山庙遗址纪念台
42.祈福塔
43.雷神庙
44.枫香林
45.梨花林
46.飞山夕照广场
47.纪念品商店
48.祭祀用品商店
49.游客休闲中心
50.再思公纪念走廊
51.七字制度广场
52.广玉兰林
53.款文化广场
54.四季桂林
55.戏台
56.再思公纪念广场
57.再思公塑像
58.纪念喷泉
59.飞山禅寺
60.休闲广场
● 祭祀仪式区详图 1:1500

寻找失落的“仪式”

TRACING THE LOST CEREMONY

湖南靖州飞山风景区规划——祭祀仪式区规划

4

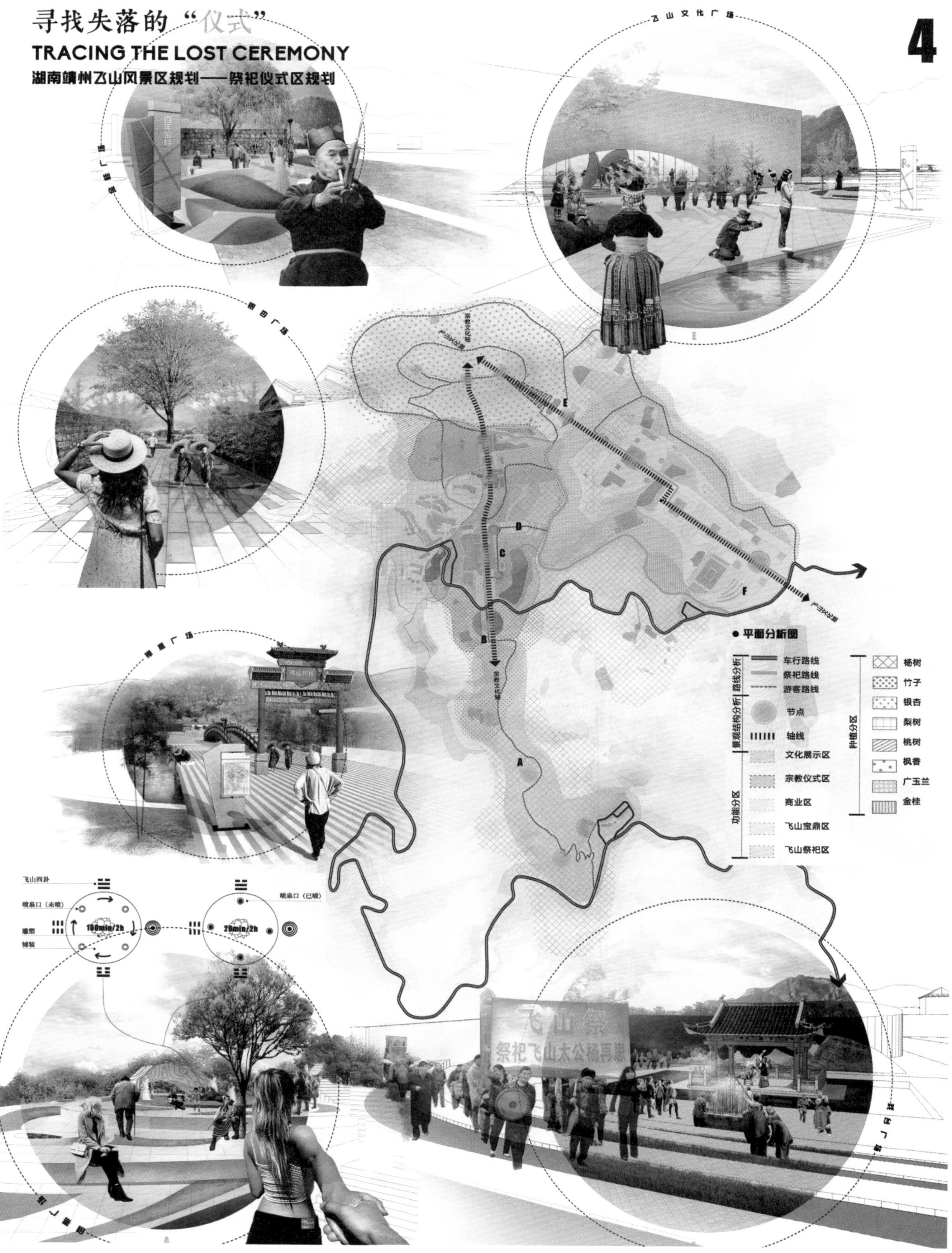

寻找失落的“仪式”

TRACING THE LOST CEREMONY

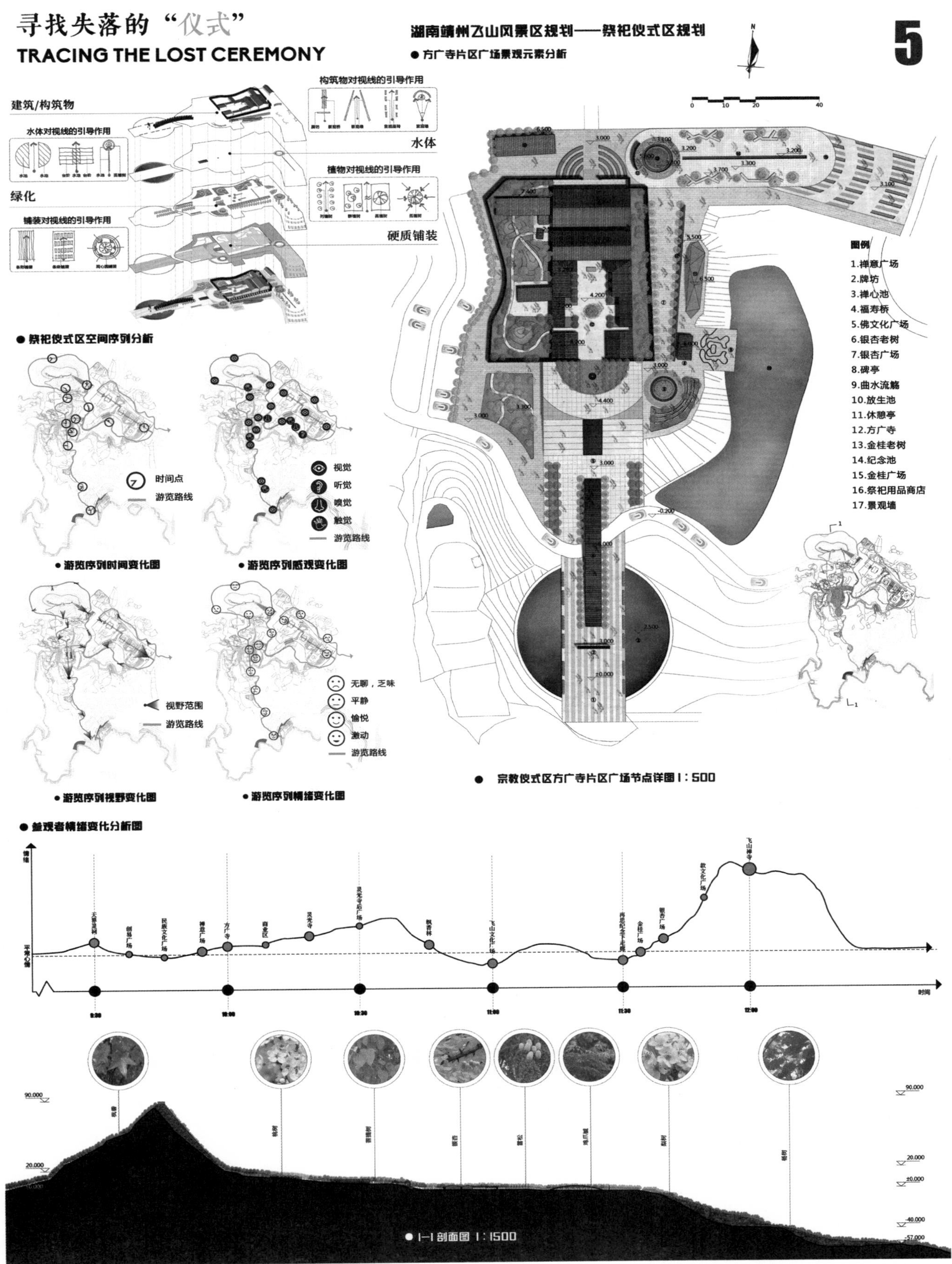

07

建筑与景观

ARCHITECTURE & LANDSCAPE

盒子部落——拾光山丘田园综合体 1 期　接待中心建筑设计

西南民族大学城市规划与建筑学院　巩文斌

拾光山丘田园综合体项目位于都江堰市胥家镇金胜社区北部，是首批15个国家级试点项目之一。项目规划总面积554亩，于2016年4月启动建设，计划3年内全面完成。拾光山丘在休闲农业和乡村旅游背景下，以“乡村振兴”的大环境营造为背景，以“田园生活”为目标核心，将拾光山丘与都江堰市胥家镇的发展融为一体，贯穿生态与保护的理念。项目定位为一个以有机农业为核心、文化创意为灵魂、主题场景为爆点的新型乡村旅居体验综合型园区 。

拾光山丘项目总体划分为五大部分：综合服务区、滨湖休闲区、特色住宿区、素质教育区、有机种养区。主要规划涉及接待中心、滨湖景观；花箱民宿、帐篷酒店、汽车改造；山谷盒院、森林木屋、覆土建筑；萌宠喂养、亲子乐园，景观梯田、有机种植等内容。每一区域自成一景，独具特色。

项目建筑设计以集装箱“盒子”为主题，通过盒子的叠加围合拼接错落，适应不同的地形特征，应用各种造型色彩灵活多变的集装箱，丰富趣味性强的景观话题。利用集装箱自由组合，快捷施工，形成拾光山丘的盒子部落（图1～图8）。

接待中心位于拾光山丘田园综合体1期核心区，包括道路两侧的餐厅和茶室，两部分功能利用集装箱盒子廊桥联系，整体设计延续了集装箱“盒子”的主题，保持了原有的田园生活场景。接待中心总体布局上保持原有场地及空间形态，通过对原有地形梳理，充分尊重周边环境和景观视野，利用廊院联系组织空间，形成错落疏密的盒子体块关系。建筑设计中通过活动流线将景观融入建筑之中，应用造型色彩多变的集装箱盒子组合形成标志性的建筑形象。通过现代与生态相互对话和呼应，形成新的空间和景观意向，营造了田园牧歌式的生活情景。

拾光山丘接待中心的设计目标，是通过对地块景观的充分利用，寻求新建筑与原有环境的协调共生，充分尊重地块原始的自然资源，塑造植根于此时此地的建筑，通过盒子装置青果盒廊，设置趣味场景，为“田园”这一新型生活方式提供与之相适应的空间形态。

接待中心的空间构成源于传统建筑的的空间原型——庭园空间，通过虚与实、通透与开放，体现灵动轻盈的空间属性。设计上运用钢、玻璃、格栅的材料组合，使建筑表情丰富且具有双重性：白天稳重不失细腻，夜晚则显得梦幻魔方。建筑利用集装箱的模块化组合拼接，形成建筑设计的空间生成方式，在对话传统和地域文化的同时，又展现了现代风采。在内部空间的规划上，根据其功能，进行合理有序的分割，以创造流畅的动线，让空间变得更加实用。

图1 透视效果图（一）

图2 透视效果图（二）

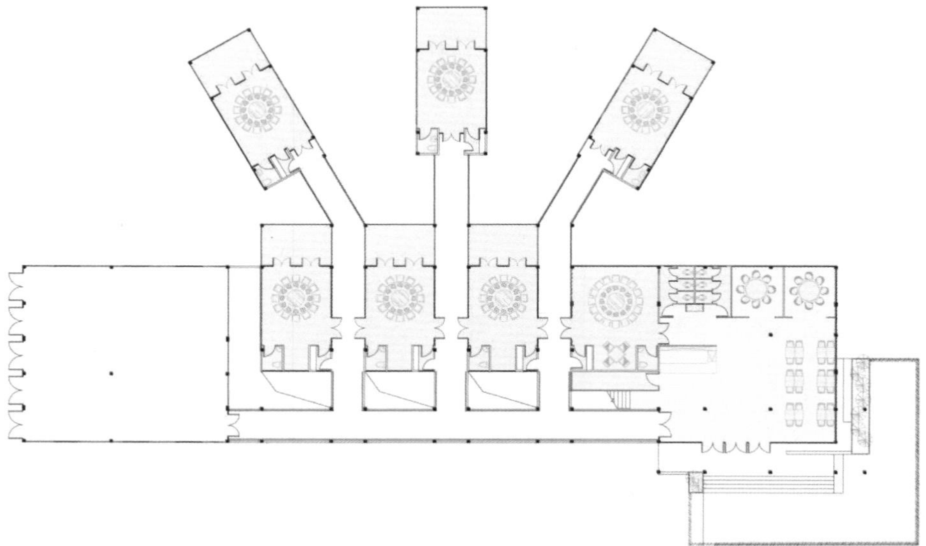

图 3　餐厅一层平面图

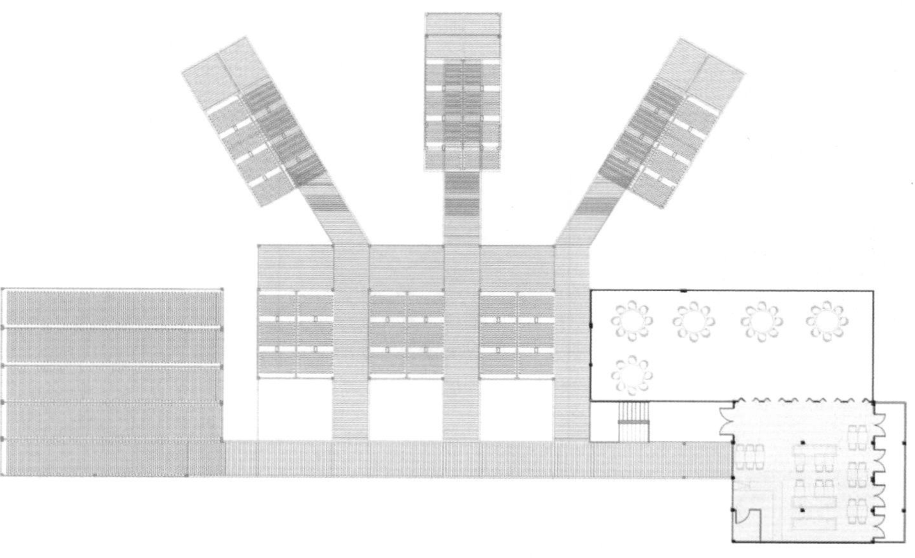

图 4　餐厅二层平面图

图 5　鸟瞰效果图

图 6　山谷盒院效果图

图 7　森林树屋效果图（一）

图 8　森林树屋效果图（二）